高等院校艺术设计类“十二五”规划教材

HUMAN ENGINEERING

人体工程学

主　编　邢　博
副主编　王大雁　汤喜辉

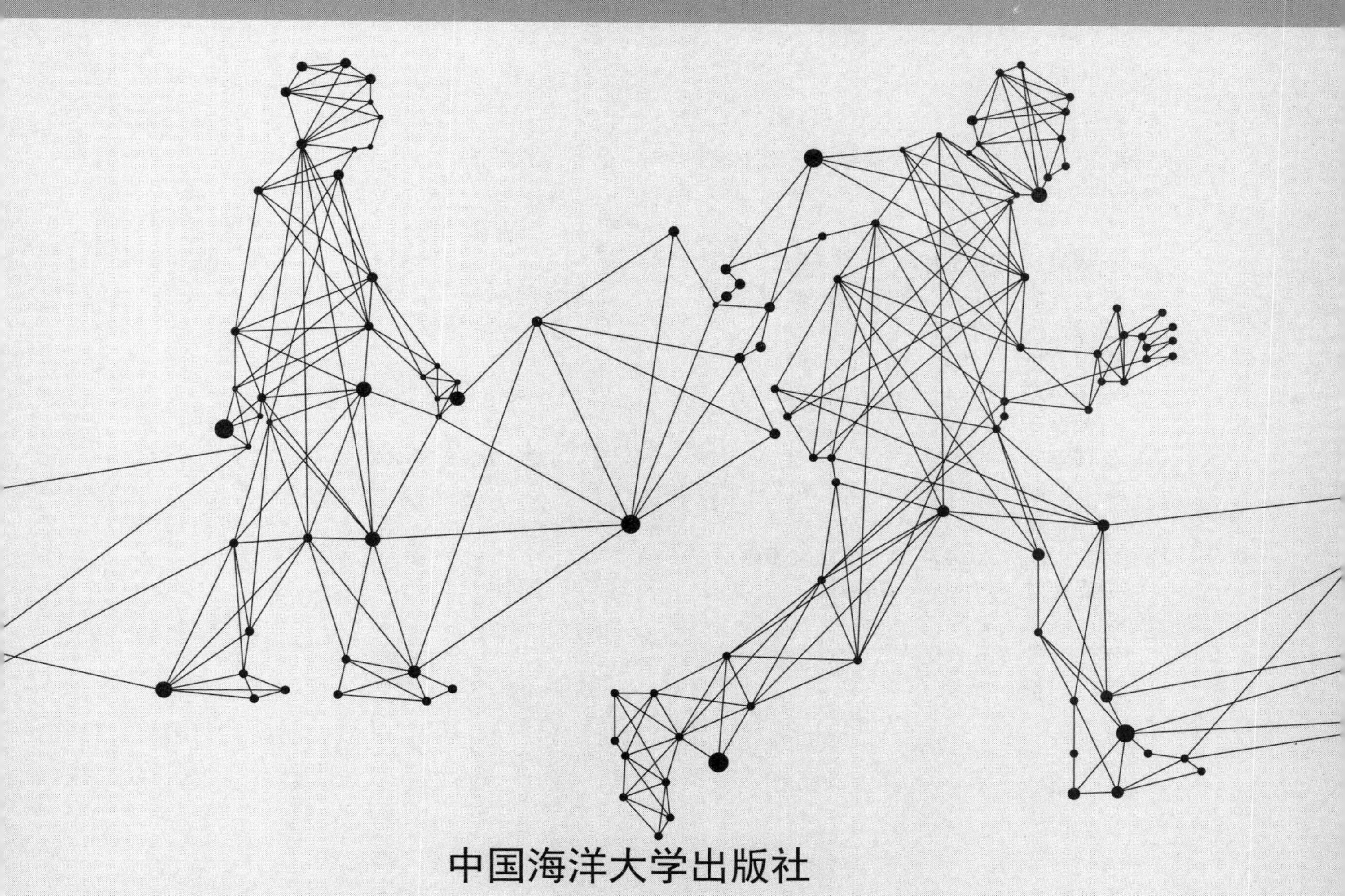

中国海洋大学出版社
·青岛·

图书在版编目（CIP）数据

人体工程学 / 邢博主编. — 青岛：中国海洋大学出版社，2013.12

ISBN 978-7-5670-0514-3

Ⅰ. ①人… Ⅱ. ①邢… Ⅲ. ①工效学—高等学校—教材 Ⅳ. ① TB18

中国版本图书馆 CIP 数据核字（2013）第 299422 号

出版发行 中国海洋大学出版社
社　　址 青岛市香港东路 23 号　　邮政编码 266071
出 版 人 杨立敏
网　　址 http://www.ouc-press.com
电子信箱 tushubianjibu@126.com
订购电话 021-51085016
责任编辑 滕俊平　　电　　话 0532-85902342
印　　制 上海天地海设计印刷有限公司
版　　次 2014 年 1 月第 1 版
印　　次 2014 年 1 月第 1 次印刷
成品尺寸 210 mm×270 mm
印　　张 9
字　　数 310 千字
定　　价 42.00 元

前 言

随着人类文明与社会的不断进步，建筑学与设计学等综合学科的发展，人与环境的关系问题已经开始使人们更加重视。人们对其生存的环境及行为认知程度也不断地提高，所以，如何协调人与环境之间的关系，并使人与环境的理论更好地运用到实践中，是设计者所面临的艰巨任务。人体工程学是一门新兴的综合性学科。在过去，人们研究探讨问题，经常会把人、机、环境割裂开来，并孤立地对待，认为人就是人，物就是物，环境也就是环境，或者是单纯地以人去适应物和环境，对人们提出要求。而现如今，建筑、环境、产品设计也日益重视人机环境之间的关系，本着“以人为本”的主体思想进行有机设计。因此，在设计当中除了十分重视的视觉环境设计外，对物理环境、生理环境以及心理环境的研究和设计也已予以高度重视，并开始运用到设计实践中去，为适应人们的生活、工作、娱乐提供了科学的设计依据。

人体工程学是高校环境艺术设计、建筑设计、产品设计专业的一门专业课，是设计专业的重要组成元素。通过对人在某种工作环境中的生理、心理学等因素的研究，培养学生树立一种科学态度，达到“人—使用物—环境”的相互结合；通过设计在工作、家庭生活及休闲环境中提高工作效率，确保人的健康、安全和舒适等，使设计真正地服务于人。本课程主要是教授设计者具备高素质劳动者和高级应用型人才所必需的人体工程方面的基本知识和基本技能，并且要把人、机、环境三者作为一个统一的整体来研究。以创造出最适合于人操作的机械设备和作业环境，使人、机、环境系统相协调，从而提高综合效率为主要目标，同时，最重要的是要体现出“以人为本”的设计理念及价值观。

通过本书的学习，学生得到人体基本形体构造的知识，同时懂得人体一些重要尺寸在设计专业中的应用，本着“必须够用”的指导思想，重视培养学生运用工学理论解决实际问题的能力，为设计专业的后继课程及今后的实际工作打下扎实的基础。

对在本书的构思、成形和最终完稿的过程中给予过帮助的徐文老师表示衷心的谢意。

本书的出版凝结了许多同仁的辛勤劳动和智慧，同时借鉴了许多前辈、同仁在本领域的探索和研究成果，参考了诸多同行的著作文献，在此一并表示诚挚的谢意。

该书内容涉及面广，知识量大，书中难免会有一些不足和疏漏，希望有关专家学者和广大读者给予批评指正，以便再版时修改和完善。

编　者

2013年11月

内容简介

人体工程学是一门交叉性很强的基础应用学科，也是指导设计学科进行设计研究的重要科学内容。该教材全面系统地介绍了人体工程学与有关学科以及人体工程学中人、室内环境和设施的相互关系，包括人体工程学基础知识、人与环境的关系、人体工程学与家具和室内设计、无障碍环境设计等内容。

本书知识丰富，讲解通俗易懂，具有很强的可读性。既介绍经过多年沉淀的、已规范化的经典教学内容，也注重创新，纳入新的科研成果和试验性、探索性内容，并配有新颖的图片，以体现教材的时代感。

课时分配建议

总课时：70

章　节	课程内容	理论教学	课内实训	合　计
第一章	人体工程学概述	2	0	2
第二章	人体工程学基础知识	4	2	6
第三章	人与环境	10	6	16
第四章	人体工程学与家具设计	6	8	14
第五章	人体工程学与室内空间设计	6	12	18
第六章	无障碍设计	4	10	14

目　录

Contents

第一章　人体工程学概述 ······ 001

第一节　人体工程学的定义和发展 ······ 001

第二节　人体工程学发展简史 ······ 002

第三节　人体工程学的研究内容和现状 ······ 006

第四节　人体工程学的应用领域 ······ 007

第二章　人体工程学基础知识 ······ 008

第一节　人体生理学知识 ······ 008

第二节　人体测量学知识 ······ 014

第三节　人体尺寸 ······ 017

第四节　影响人体尺寸差异的因素 ······ 025

第五节　人体测量数据的处理 ······ 027

第三章　人与环境 ······ 031

第一节　人与环境的交互作用 ······ 031

第二节　人的心理与环境 ······ 032

第三节　人的行为与环境 ······ 036

第四节　视觉与环境 ······ 042

第五节　听觉与环境 ······ 055

第六节　肤觉与环境 ······ 060

第七节　人与环境之间关系的应用 ······ 063

第四章　人体工程学与家具设计 ······ 064

第一节　工作面设计 ······ 064

第二节　座椅的设计 ······ 069

第三节　床的设计 ······ 081

第四节　贮存类家具的设计 ······ 085

第五章　人体工程学与室内空间设计 ······ 089

第一节　人体工程学与居住空间设计 ······ 089

第二节　人体工程学与展示空间设计 ······ 102

第三节　人体工程学与办公空间设计 ······ 106

第四节　人体工程学与餐饮空间设计 ······ 111

第五节　人体工程学与商业空间设计 ······ 113

第六章　无障碍设计 ······ 119

第一节　无障碍设计理论的形成与发展 ······ 119

第二节　无障碍设计的研究 ······ 122

第三节　无障碍设计的基本思想 ······ 124

第四节　无障碍设计分类 ······ 126

第一章　人体工程学概述

教学目的

通过本章的学习，应理解人体工程学的概念、学科来源、历史发展，其主要研究内容、研究方法以及人体工程学在家具设计、环境艺术设计和建筑设计等领域中的地位和意义，从中引入“以人为本”的设计理念。

章节重点

了解人体工程学的基本概念，熟悉人体工程学的发展历史及其研究方向和内容。

人体工程学是一门新兴边缘学科，最初萌芽是依据人们的生存环境研究如何满足日常生活的学科，如砍砸器、兵器、陶器的设计。现代社会主要考虑到人、机器、环境之间的舒适性与安全性，因此人体工程学学科也就渗入到各个设计领域，如家具设计是否舒适、安全，室内设计是否合理等（图1–0–1、图1–0–2）。

图1–0–1

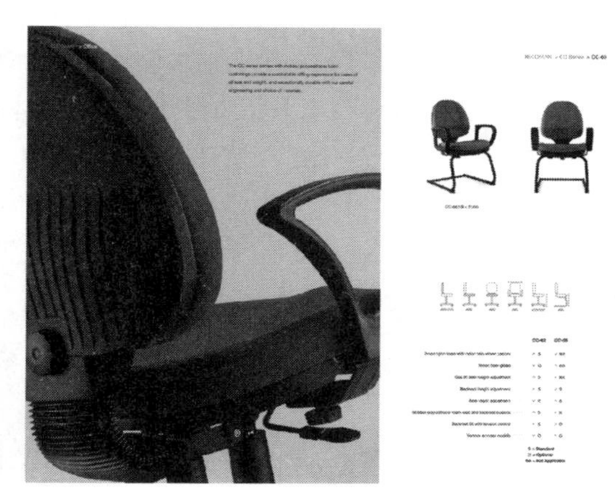

图1–0–2

第一节　人体工程学的定义和发展

1.1 命名

人体工程学（Human Engineering），也被称为“生物工程学”，在美国通常被称为“人类工程学（Human Engineering）”或“人类因素工程学（Human Factors Engineering）”，在西欧国家多被称为“人体工学或工效学（Ergonomics）”。Ergonomics，原出希腊文的“ergo”和“nomes”，即“工作、劳动”和“规律、效果”的释义，联系起来可以理解为探讨人们的劳动、工作效果和习惯。

人体工程学在我国起步较晚，名称繁多，除普遍采用的“人体工程学”、“人机工程学”外，常见的名称还有

“人类工效学”、“人类工程学”、“工程心理学”、“人的因素学”等多种名称。

人体工程学在国际上较常见的名称如下。

① 人类工效学，或简称工效学，英文Ergonomics，这个学科名称出现最早，欧洲各国和世界其他地区根据这个名称翻译为本国文字的较多，因此这个学科名称在世界上应用最广。

② 人的因素学，英文Human Factors，这是美国一直沿用的名称。由于美国在该学科的影响力，某些东南亚国家和我国台湾也采用这个名称。由这个名称派生出来的名称还有“人类因素工程学（Human Factors Engineering）”。

③ 人类工程学，英文Human Engineering。

④ 工程心理学，英文Engineering Psychology，有人认为在这个名称下的学科研究更专注于心理学方面，因而与其他名称多少有点差异。

1.2 定义

人体工程学是一门技术科学。技术科学是介于基础科学和工程技术之间的一大类科学。人体工程学强调理论与实践的结合，重视科学与技术的全面发展，它从人体测量学、生物力学、劳动生理学、环境生理学、工程心理学等方面进行探讨。以人—机关系为研究对象，以测量、统计、分析为基本的研究方法。在工程技术方面，人体工程学已广泛运用于军事、工业、农业、交通运输、建筑、企业管理、安全管理、航天、潜水等行业。从各门学科之间的横向关系看，人体工程学的最大特点是联系了关于人和物的两大类科学，试图解决人与机器、人与环境之间不和谐的矛盾。

国际人类工效学会的章程中把人类工效学定义为：本门学科是研究人在工作环境中的解剖学、生理学、心理学等诸多方面的因素，研究系统中各个组成部分的交互作用（效率、健康、安全、舒适等），研究在工作和家庭中、在休假的环境里，如何实现人—机—环境最优化的问题的学科。

可见，人体工程学是研究人在某种工作环境中的解剖学、生理学和心理学等方面的因素，研究“人—机—环境”系统中的人、机、环境三个要素之间的联系与作用，为解决该系统中的人的效能、健康问题提供理论依据和科学方法。

第二节　人体工程学发展简史

人体工程学的发展历史比较晚，学科的名称也是在第二次世界大战期间才频频冒出。人体工程学主要起源于欧美，最早是在工业社会中，为了大生产和使用机械设施而探求人与机器之间的协调关系。到第二次世界大战后，各国把人体工程学的实践和研究成果，迅速有效地运用到工业生产、建筑及室内设计中。乃至当今，随着社会发展并向信息社会过渡，设计师更加重视“以人为本”的宗旨，为人服务，在此前提下来研究人们衣、食、住、行以及一切生活和自身生存环境之间的运用。

2.1 起源

人体工程学的概念，Ergonomic是由波兰著名的教授雅斯特莱鲍夫斯基提出的。人体工程学虽然发展历史较短，但是在原始社会时期的劳动工具、生活器皿，包括在战争时期的兵器运用中都已经有尺度与比例的概念了。

2.1.1 劳动工具的使用

人类在生产活动的发展过程中，也在不断地改善生存环境的质量。虽然古人不像现代人能用科学的研究方法，来指导人们的创作与劳动，但人体工程学的运用已经有了初始的萌芽，比如说新石器时代的石器要比旧石器时代的用着更方便、更舒适。图1-2-1是距今约24万年前旧石器时代早期的砍砸器，从尺寸来看左侧砍砸器长13cm、宽8cm，右侧砍砸器长12cm、宽10cm，均符合人体尺寸要求，适合手持工具进行劳作；从结构方面来看，这两件砍砸器的器身厚重，有钝厚曲折的刃口，可用来砍劈木棒、锤砸石块和挖掘树根和块茎。

图1-2-1 旧石器时代早期的砍砸器
（出土于贵州黔西观音洞，藏于中国国家博物馆）

图1-2-2 长信宫灯

2.1.2 生活器皿的运用

随着历史朝代的更替，生活器皿的演变也趋于成熟。比如西汉时期的青铜器长信宫灯（图1-2-2）设计十分巧妙，宫女一手执灯，另一手袖似在挡风，实为虹管，用以吸收油烟，在日常生活既解决了空气污染对人体的危害，又具有审美价值。此设计也与现代的抽油烟机原理类似。另外，原始社会的陶瓷装饰图案设计，是随着人们生活的起居方式不同布置图案的装饰位置，从古至今人们是由席地而坐演变到垂足而立的过程，所以，原始社会的装饰图案位置是遵循人体卧姿、坐姿、站姿结构尺寸进行设计（图1-2-3、图1-2-4）。

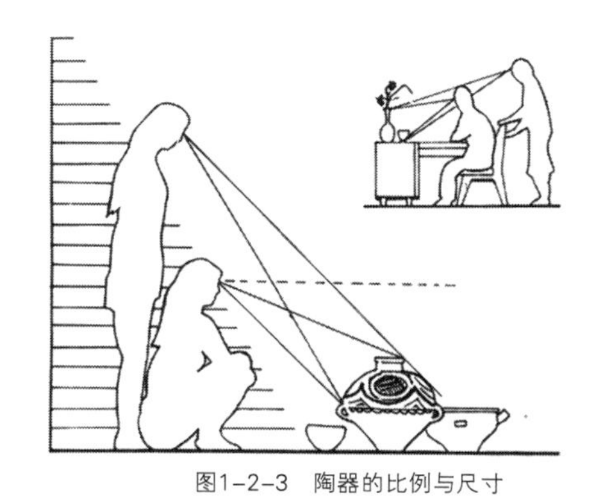

图1-2-3 陶器的比例与尺寸

图1-2-4 古陶器
（山东省博物馆藏品）

2.1.3 战争兵器的设计

新石器时期，人们已经熟练地掌握了磨制石器的技能，更能琢磨出较锋利的石质工具。同时也提高了用石质工具加工木器、骨器的技术，为制造兵器准备了工艺方面的条件。当时的战争兵器大致有：石矛（图1-2-5）、石斧、石钺等。兵器的设计是否符合人的尺度和行为特征尤其重要，据西汉《周礼·考工记》中记载，在制作兵器时需要根据

图1-2-5　石矛

图1-2-6　戈兵器-银斑纹戈
（台湾龚氏收藏，战国时期青铜戈兵器，通长20.4cm，门宽10cm）

人的高度，手臂的力度、大小来决定兵器的长短、形状，特别是手握的部分更能突出使用的舒适性与便捷性。又如战国时期青铜戈兵器，也从尺度、舒适性、实用性等方面考虑到了人体工程因素（图1-2-6）。

2.2 发展阶段

人体工程学的起源至今已经有近百年的历史，特别是在世界大战时期，人体工程的原理和方法开始运用于军事科学技术。例如，在战斗机械中，怎样能够使人在舱内准确、有效地操作和战斗，并减少疲劳和提高作战效率，成为当时人体工程学要研究的内容。到第二次世界大战结束，各国把人体工程学的理论成果运用到工业生产、建筑设计及室内设计中，使“人—机—环境”密切联系在一起形成一个系统，并使人体工程学能够很好地支配生活环境。人体工程学具体发展主要有三个阶段：萌芽阶段、发展阶段、成熟阶段。

（1）萌芽阶段（19世纪至第一次世界大战）

自工业革命以来，西方工业生产迅速发展，这个时期的主要特征是能源的广泛采用，也称之为能源革命时期。其间英国设计师泰勒（F.W.Taylor）提出一套关于工人对操作机械和工具怎样能做到省力、安全、高效的方法和制度，这就是所谓的泰勒制。新能源的使用使第一阶段单纯考虑人体尺寸的方式显现出不足，人机关系在设计上显得日益重要。人们开始采用科学的方法研究人的能力与其所使用的工具之间的关系，从而进入了有意识地研究人体关系的新阶段。

1898年，现代管理学的先驱泰勒进入伯里恒钢铁公司后，对铲煤和矿石的工具——铁锹进行了研究。同时，泰勒还进行操作方法的研究，剔除多余的不合理动作，指定最省力高效的操作方法和相应的工时定额，大大提高了工作效率。

1911年，吉尔布雷斯夫妇（F.B.Gilbreth & L.M.Gilbreth）通过快速拍摄影片，详细记录工人的操作动作后，对其进行分析研究，将工人的砌砖动作进行简化，将全过程中的17个动作减少为4.5个，使砌砖的速度由原来的120块/小时提高到350块/小时，施工人员的疲劳度也大大降低，从而提高了工作人员的综合效率。

1912年，现代心理学家闵斯托伯格（H.Munsterberg）出版了《心理学与工作效率》等书，将当时心理技术学的研究成果与泰勒的科学管理学从理论上有机地结合起来，运用心理学的原理和方法，通过选拔和培训，使工人适应于机器。

美国哈佛大学教授闵斯特伯格是最早把实验心理学应用于工业生产的人，他使用实验心理学的方法为企业中的不同工作选拔、培训合适工人；建立生产效率最高、最令人满意的工作环境；抓住工人的工作动机，强调兴趣、愿望在生产活动中的重要性，从而减轻工人的疲劳度。他于1912年前后，编写出版了《心理学与工业效率》、《心理技术原理》等书，为人体工程学的发展奠定了理论基础。

（2）发展阶段（第一次世界大战至第二次世界大战）

两次世界大战是人体工程学发展的重要因素。两次世界大战期间，由于战争的需要，军事工业得到了飞速发展，武器装备变得空前庞大和复杂。此时，完全依靠选拔和训练人员，已无法使人适应不断发展的新武器的性能要求，并且事故率也大大增多。人们在屡屡失败中逐渐认识到，只有当武器装备符合使用者的生理、心理特性和能力限度时，才能发挥其高效能，避免事故的发生。战争中新武器的研制使设计中功能、效率等问题开始被关注。适应人的设计是人体工程学在第一次世界大战期间的重大发展，重点已经不仅仅是尺度适合，而是如何全面符合人的需求。

第一次世界大战后人体工程学有了新的进步，工程技术人员开始将研究的重点转移到如何在工作程序和工作方法上发展出适合人的需求设计上来，开始关注人在工作中的适应性。第二次世界大战后人体工程学研究变得更加复杂，新的设计开始从以前的为适应人的设计转移到为工作的人的设计上。这是人体工程学的一个新的重大进步。

（3）成熟阶段（第二次世界大战至今）

自从1945年第二次世界大战结束以来，世界各国逐渐进入高速度的经济发展阶段。从技术角度来说，第一和第二阶段都是为了扩展人的肌肉力量设计的，而战后的人体工程学将研究方向转到扩大人的思维力量方面，使设计能够支持、解放、扩展人的脑力劳动。战后人体工程学的一个发展重点是从比较集中为军事装备设计服务转入为民用设备、为生产服务，它开始进入制造业、通讯业和运输业，继而其他工业产品、环境作业，以及家庭生活、娱乐中，也都考虑了人的因素。

我国关于人体工程学的研究起步较晚，目前正处于发展阶段。早在1935年就有学者开始研究过度疲劳、劳动环境等问题，但由于很多时事政治因素，此研究工作一直处于停滞状态。新中国成立早期，我国也曾对铁路信号、飞机仪表等做过人体工程学方面的研究，成效不佳。直至1984年国家科工委成立了军用人—机—环境系统工程标准化技术委员会，到次年成立了中国人类工效学标准化技术委员会、心理学会和工业心理学专业委员会，以及1989年成立了中国人类工效学协会，才使人体工程学得到广泛地研究，也在众多领域有了显著的进展。而如今很多人居环境、品牌产品都以“以人为本”、“人性化设计”、“人性化居住环境”等作为产品推销的亮点，如图1-2-7至图1-2-10所示，人性化的产品设计表明人体工程学的运用不仅是设计者的标准，更是广大群众的需求。

图1-2-7 人性化家具设计

图1-2-8 人性化家居设计

图1-2-9 人性化工业设计

图1-2-10 人性化的产品设计

第三节　人体工程学的研究内容和现状

3.1 研究内容

人体工程学是环境艺术设计专业的专业课程之一，与其他的专业课程紧密联系，比如建筑设计、景观设计、室内设计、家具设计、办公空间设计等。人体工程学所涉及的学科也是十分广泛，有生理学、环境心理学、解剖学、人体测量学等。

起初的人体工程学主要研究人和机械之间的关系，称人机关系。环境与人和机械的关系是孤立存在的，其研究内容有人体结构尺寸、功能尺寸、机械操作装置及控制盘的视觉显示。这些都涉及环境心理学、解剖学和人体测量学的内容。至今，人体工程学的研究内容十分广泛，对于环境艺术设计专业来说，设计应用的部分更贴近于人们的生活，同时把环境的因素也融入到其中。如室内作业中办公桌高度与人的疲劳程度、作业面的高度等；建筑业中的脚手架支撑与安全度、工作面的活动范围、消防通道设计宽度及人体与机械之间的操作关系等。因此，人体工程学这门学科的广泛应用，使人们的生活也更加舒适、方便、安全和惬意。

3.2 国内研究概述

1935～1937年，陈立、周先庚等人在中央研究院和清华大学曾研究过工作疲劳、劳动环境等问题，同时试图从心理学的角度摸索调动职工积极性的途径。

1984年，国家科工委成立了军用人—机—环境系统工程标准化技术委员会。

1985年，成立了中国人类工效学标准化技术委员会、心理学会和工业心理学专业委员会。

1989年，成立了中国人类工效学协会。

3.3 国外研究概述

1949年，在默雷尔（Murrell）的倡导下，英国成立了第一个人体工程学科研究组，翌年2月16日在英国海军军部召开的会议上通过了人体工程学（Ergonomics）这一名称，正式宣告人体工程学作为一门独立学科的诞生。

1949年，查帕尼斯（A・Chapanis）等人出版了《应用实验心理学——工程设计中人的因素》一书，总结了第二次世界大战时期的研究成果，系统论述了人体工程学的基本理论和方法，为人体工程学奠定了理论基础。

1954年，伍德森发表了《设备设计中的人类工程学导论》。

1957年，麦克考米克（E・J・Mc Cormick）出版了《人类工程学》一书，该书相继被美国、欧洲和日本等国广泛采用作为大学教科书。

20世纪60年代以后，工程系统的进一步复杂及其自动化程度的不断提高，宇航事业的空前发展，一系列新科学的迅速崛起，不仅为人体工程学注入了新的研究理论、方法和手段，而且也为人体工程学提出了一系列新的研究课题。

1960年成立国际人体工程学会（IEA）至今，先后召开了10届国际性会议，英国、美国、德国、日本、法国等许多国家的人体工程学会均与IEA建立了联系。

人体工程学的研究在20世纪70年代达到高潮，也是人体工程学作为一个独立的学科得到理论实践上的完善化的阶段。在20世纪70年代，人体工程学形成了两大特点：一是人体工程学渗透到人们工作和生活的各个领域；二是人体工程学在高科技领域中得到了应用，自动化系统中人的监控作用、人机信息交互、人工智能等都与人体工程学有着密切的关系。

1975年成立国际人体工程学标准化技术委员会，至1986年共制订了8个标准草案或建议，发布《工作系统设计的人体工程学原则》标准，作为人机系统设计的基本方针。此外，许多国家设立了专门的人体工程学研究机构。目前，人体工程学已被广泛应用于国防、交通运输、工业、航天航空、农业、建筑等各个领域。

第四节 人体工程学的应用领域

从室内设计专业角度来分析，人体工程学主要是以人为主体，通过对于环境心理学、生理学的正确认识，来研究人体结构功能、心理、力学等方面与室内环境之间的合理协调关系，让室内的居住环境能够更适应于人的身心活动要求，并提高室内环境最佳的居住使用效能，达到一个安全、健康、高效能和舒适环境的目的。

人体工程学是一门新兴的学科，人体工程学在室内设计中的应用深度和广度，主要体现在以下几个方面。

（1）为人在室内活动所需范围提供主要依据

人体工程学中所提供的有关测量数据能从人体的生理系统、人体结构尺寸、工作活动空间、动作域等方面来确定人在室内活动的空间范围。

（2）为家具设计及使用范围提供主要依据

家具的设计主要是满足人们所使用的基本功能，因此家具设计师更注重它们的形体、比例、舒适感，以此须以人体尺度为主要设计依据。同时，根据人体基本动作对家具进行具体分类设计。无论是哪类家具设计，最终家具的基本功能都是以满足人们使用的舒适和安宁为目的。人们使用这些家具和设施，最重要的是能够降低人们的疲劳程度、提高工作效率。

（3）为人体能够适应室内物理环境提供最佳的参数

物理环境一般是指研究对象周围的设施及建筑物等物质系统，室内空气环境质量也与人们的健康和舒适度有着密切的关系，室内设计时有了对环境计测的数据，就能更好地为设计师提供参考数据。

（4）为确定人的感觉器官适应能力提供科学依据

人体工程学通过数据计测得到科学的数据来对人的感觉器官适应能力进行数据支撑。如人眼的视力、视野、光觉等要素，也为居住环境光照设计、色彩设计及视觉最佳区域等提供了科学依据。

思考与练习

1. 简述人体工程学的定义。
2. 列举五种人体工程学在国际上的名称。
2. 人体工程学研究的内容是什么?
3. 人体工程学的发展经历了哪几个阶段?
4. 人体工程学的应用领域有哪些?

第二章　人体工程学基础知识

教学目的

通过本章的学习，学生要对人体工程学涉及的人体基本生理学知识有一个全面的认知，理解在不同环境中的人体工程相关数据的制定，使学生能够掌握人体工程学的基本理论知识，并能把这些理论更好地运用与实践，用科学的方法创造出满足人们生理和心理需要的、富有理性化与个性化的设计作品。

章节重点

准确掌握人体测量的基础知识与方法，通过深入了解人体结构基本数据，使学生在开展“人—机—环境”系统设计实践时，能够科学、有效地利用现有理论，将人体工程学理论内化于心、外化于形。

人体工程学是一门研究人、机、环境之间关系的学科，应秉着“以人为本”的设计理念进行研究。所以，研究的中心主要是关于“人”的科学。在研究人体工程学前，需要先了解人体器官的结构特点。同时以生理学、人体测量学科为基础，研究如何使人—机—环境系统的设计符合人的生理结构和心理特点，并实现“人—机—环境”之间的最佳匹配关系。

第一节　人体生理学知识

1.1 人体感觉系统

人类能够感知、认识世界，首先是依靠人们的感觉系统。人体感觉系统器官，主要由眼、耳、鼻、舌和皮肤组成，与之相适应的是五觉——视觉、听觉、嗅觉、味觉和触觉，可通过眼睛观看、耳朵倾听、嗅其气味、品尝味道、触摸形状来感觉物体。另外，除了五觉，还有本体感觉对人体的影响。

1.1.1 神经系统

人体的结构与功能极为复杂，体内的各器官、系统的功能和各种生理过程都不是各自孤立地进行，而是在神经系统的直接或间接调节控制下，互相联系、相互影响、密切配合，使人体成为一个完整统一的有机体，实现和维持正常的生命活动。

神经系统是人体的主要功能调节系统，起主导作用。人类生活在复杂多变的环境中，对于外界的刺激能够做出相应的反应。同时，环境的变化时刻影响着人体内的各种功能，这也需要神经系统对体内各种功能不断进行调整与完善，使人体能够适应外环境的变化。人类的神经系统高度发展，特别是大脑皮层不仅进化成为调节控制人体活动的最高中枢，而且进化成为能进行思维活动的器官。因此，人类不但能适应环境，还能认识和改造世界。

神经系统（图2-1-1）由中枢部分及其外周部分所组成。中枢部分包括脑和脊髓，分别位于颅腔和椎管内，两者在结构和功能上紧密联系，组成中枢神经系统。外周部分包括12对脑神经和31对脊神经，它们组成外周神经系统。外周神经分布于全身，把脑和脊髓与全身其他器官联系起来，使中枢神经系统既能感受内外环境的变化，又能调节体内各种功能，以保证人体的完整统一及其对环境的适应。

例如，外周神经中的传入神经纤维把感觉信息传入中枢，传出神经纤维把中枢发出的指令信息传给效应器，都是以神经冲动的形式传送的，而神经冲动就是一种称为动作电位的生物电变化，是神经兴奋的标志。

神经系统调节生命活动的基本方式是反射。反射可分为两类：一类是生下来就有的先天性反射，叫做无条件反射。如手一碰到烫的东西立即缩回，蛾虫飞到眼前马上闭眼。这种反射由大脑皮质下的较低级中枢就可完成。另一类是在生活过程中逐渐形成的后天性反射，叫做条件反射。例如，“望梅止渴”，是在非条件反射的基础上，在大脑皮质参与下形成的。

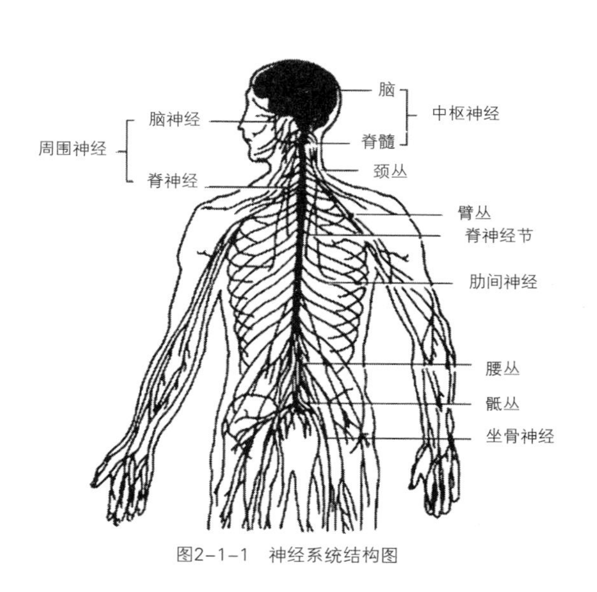

图2-1-1 神经系统结构图

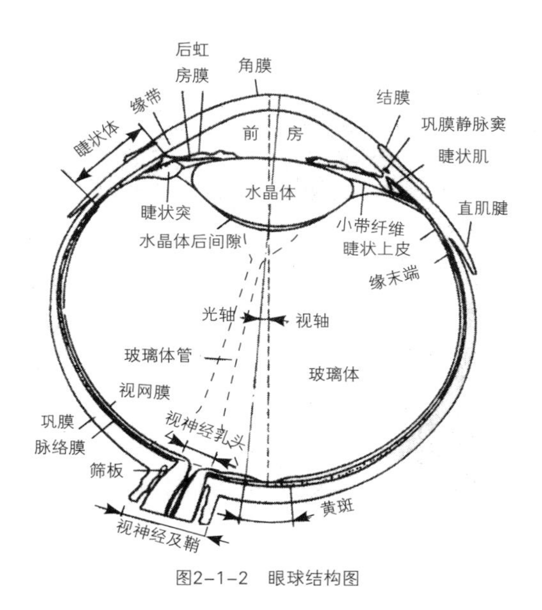

图2-1-2 眼球结构图

1.1.2 视觉系统

视觉是一种极为复杂和重要的感觉，人所感受的外界信息80%以上来自视觉。而人的眼睛就是人体最精密、最灵敏的感觉器官，眼睛由眼眶、眼球、眼外肌、结膜、角膜、泪器、水晶体、视网膜等组成的，眼球结构如图2-1-2所示。

视觉系统则是由眼睛、视神经和视觉中枢共同活动完成。视神经是传导视觉冲动的，由视网膜节细胞的轴突在视神经盘处汇聚，再穿过巩膜而构成视神经。视觉中枢是大脑皮质中与形成视觉有关的神经细胞群。视神经将眼睛接收到的视觉信息传递给大脑的视中枢，视中枢进行分析判断，从而作出指示。人通过视觉系统来认知外界事物，需从眼睛的工作原理及光对人的心理、生理方面来阐述。

（1）眼睛的工作原理

光从本质上来说是一种人眼能看到的一系列电磁波，也称可见光谱。人们经常看到的光主要是来自于太阳或借助于人造光的设备，如白炽灯泡、荧光灯管、激光器、LED灯等。这些光束经过外界物体的反射，使人眼能清晰看清物体的轮廓与形态。但人眼所看到的光有一定局限性，可见光光谱范围为390～760nm波长。

眼睛类似一台照相机，从一个物体上反射的光线穿过角膜，眼内肌肉收缩或放松以调节晶状体的形状，从而将光线聚焦。由于光线在穿过角膜时会发生交叉，所以视网膜上读取的图像是上下颠倒的，但大脑对图像进行了重新调整，因此人们所看到的图像的方向是正确的。

人眼能够看见世界万物，主要是由于光的存在，以此通过外界物体发出或反射的光线，从人的眼角膜、瞳孔进入眼球，并穿过类似凸透镜一样的晶体状，使光线聚集在视网膜上，形成了物体的图像。图像刺激视网膜上的感光细胞，产生神经冲动，沿着视神经传到大脑的视觉中枢，进行分析和整理，就产生了具有形态、大小、明暗、色彩和运动的视觉了。人能看到物体色彩、明暗、肌理的变化，主要是光线对人视觉系统的影响。下面介绍光对人眼产生的生理、心理反应和在室内环境中所起的作用。

（2）光在视觉系统中的生理、心理反应

物体在不同的场景中经过光的照明可以引起不同的明度感觉。明度是指眼睛对光源和物体表面的明暗程度的感觉，主要是由光线强弱决定的一种视觉经验。

光的明度不仅取决于物体照明程度，而且还取决于物体表面的反射系数。如果人眼看到的光线来源于光源，那么明度肯定取决于光源的强度。如果人眼看到的是来自于物体表面所反射的光线，那么明度取决于光源的强度和物体表面的反射系数。

人的眼睛具有明适应和暗适应，明适应和暗适应是视觉的两种适应形式，一般来说明适应要比暗适应要快。在进行室内设计时，光源布置是需要特别注意的。室内的光源布置主要有两种：主光源和辅助光源。辅助光源的效果是让人们很快适应从暗适应到明适应的转变，如门厅、玄关处所设置的光源就有这样的设计目的。

另外，人们对于外环境来说都有向光性的心理反应，对于室外环境设计时也同样需要局部的光源来起引导与展示的作用。如公园设计，人们会选择有照明的空间进行活动。

光的生理反应主要是体现在物体本身的材质、肌理、色彩给人所带来不同的生理反应。材质上如室外景观小品座椅的设计，在日照强度比较大的情况下，人们更加愿意选择木材质的坐凳，而不是具有反射效果强的石材座椅，同时会选择色彩偏冷色调、中色调的空间活动。

1.1.3 听觉系统

人耳听觉系统非常复杂，耳朵主要包括外耳、中耳、内耳三部分。实际上，耳朵里只有内耳的耳蜗起听觉的作用，人耳的结构如图2–1–3所示。人们对不同强度、不同频率声音的听觉范围称为声域。人能听到的声音频率是20～20000Hz，声音是由物体的振动引起的，振动在介质中传播所产生的弹性波叫声波。

人的听觉特征可从声音的掩蔽、听觉的时间特性和听觉的差别感觉三个方面进行分析。

（1）声音的掩蔽

人们总是在一定的噪声环境中接收声音的信号，这导致声音掩蔽效应。掩蔽效应即指噪声环境中其中一个声音的响度使人耳对另外一个声音响度的感受性降低的现象。如在商场的环境中，手机铃声的选择与设计就需要克服声音掩蔽效应。

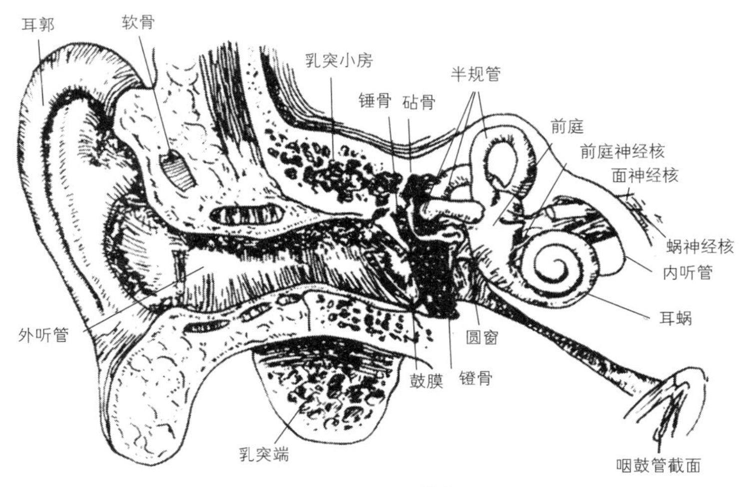

图2–1–3　人耳结构

（2）听觉的时间特性

人耳不能立即对声音作出反应，需要花0.2～0.3秒的时间来“形成”声音。

（3）听觉的差别感觉

作为听觉信号，其声音是可以通过不同的韵律进行辨认的。如美妙的音乐声音与嘈杂的施工声音之间的对比。从建设工程施工现场环境保护的角度来看，对人听觉造成影响的就是噪声污染。根据国家标准《建筑施工场界噪声限值》的要求，对于不同的施工阶段昼夜噪声限值也不一样。这就不难理解声音的音高超出一定的阈值，就会形成不利于人听觉的现象。

因此，了解耳朵的结构、掌握听觉刺激的特征，才能更好地明白高分贝的声音对听觉的干扰、给人心理带来的影响，才能更有效地知道噪音对健康的危害及利用听觉特征设计出一个良好的室内外听觉环境。

1.1.4 肤觉系统

肤觉是皮肤受到物理或化学刺激所产生的触觉、温觉和痛觉等皮肤感觉的总称。研究结果表明，不同的皮肤点产生不同性质的感觉，同一皮肤点只产生同一性质的感觉，因而确定触、温、痛、冷为四种基本的肤觉。

（1）触觉

触觉是由机械刺激触及了皮肤的触觉感受器而引起的。对于盲人来说，触觉具有十分重要的意义。在产品设计中，合理利用触觉的作用有时候会起到提高人的效率的作用。

（2）温觉

皮肤受到外界温度的刺激而产生的感觉。人的皮肤能够适应16℃～40℃的温度。

（3）痛觉

痛觉比其他任何刺激更能引起人的行为反应。人的各个组织器官里，都具有可以感觉疼痛的神经末梢，在一定强度的刺激下，就会产生疼痛感觉。

（4）冷觉

冷觉是低温刺激皮肤产生的感觉。为什么我们能够感知空气温度和湿度，感知室内空间、家具、设备等界面的大小、冷暖、质感，感知物体大小、形状等？除了用人体视觉器官之外，主要还要依靠人体的肤觉系统。如材质的运用，地板铺装用的是木材质与石材质所给人的肤觉是不一样的，木地板可能就属于肤觉系统里的温觉，反之石材为冷觉。

皮肤能产生四种基本的肤觉，其中皮肤本身就有散热和保温作用，能够随时协调身体温度，并适应外界环境需要。所以，在室内设计中选择与人体有接触的家具、室内装饰材料及室外建筑小品材料设计时，都需要重点考虑人的触觉与温觉，并选择导热系数小、舒适性高的材料，更好地完善环境设计的人性化理念。

1.1.5 本体感觉

本体感觉是指来自身体内部的肌、腱、关节等运动器官本身在不同状态时所产生的感觉，因位置较深，又称深部感觉。本体感觉包括位置觉、运动觉和震动觉。如人体在闭眼时不通过视觉和触觉也能感知身体各部位的位置及动作。

本体感觉主要是维持人体平衡的重要因素。本体感觉系统主要分为三个方面：一是前庭系统，其作用是保持身体姿势平衡；二是视觉传导系统，其作用是保持身体站立姿势平衡；三是运动感觉系统，感觉身体各部位的相对位置和运动。

在实际操作系统中，这种本体感觉是很重要的。比如舞台上舞蹈演员飞速旋转，而身体却不会倾倒；杂技人员训练的平衡感；在驾驶汽车时需换挡、刹车、离合之间的协调都与人的本体感觉有着紧密联系。驾驶员在进行换挡操作、刹车踏板与油门踏板之间进行的切换操作，并不是依靠视觉，而是通过人的本体感觉实现的。

1.1.6 其他感觉

人体感觉系统除了以上几方面还有其他的一些性质。

（1）适觉

在感觉器官接受刺激后，如果外界环境刺激不变，一段时间过后，人的视感觉会逐渐地变弱，这种现象叫适应。如晚上人一直呆在有灯光的房间里，突然关灯时就会发现眼前顿时漆黑一片，稍等片刻后方能看见周边的物体，这就说明人的感觉需要一段时间从暗适应到明适应的转变过程。

（2）余觉

有时刺激虽然取消了，但是感觉似乎还停留极短的时间，这叫做余觉。如荧光灯的光照的效果是间歇式的，但实际上给人的感觉却是连贯的，这就是由人的余觉实现的。

（3）错觉

错觉是指视感觉与客观事物存在不一致的现象，简称错觉。人们在观察物体时，由于物体受到形、光、色的干扰，加上人们的生理、心理原因而误认物象，会产生与实际不符的判断性的视觉误差。视觉错觉有图形错觉、光影错觉、透视错觉、空间错觉等，它们与室内设计、建筑设计及市政设计都有密切的关系。如美国西部亚利桑那州科罗拉多大峡谷的“魔鬼公路”，由于地形的原因，使人产生视觉错觉的现象，从而导致车祸的频频发生。如果大家仔细凝视图2-1-4的时候就会感觉图纹在转动，其实这只是一张静态的图片，是人们的视觉错觉而已。图2-1-5利用图底反转的概念来解释了人们的视错觉现象。

图2-1-4　静态错觉图

图2-1-5　图与底反转

视错觉产生是我们把注意力只集中于物体某一特定因素，如线条的图形、点与面的对比、颜色的对比、长度、弯曲度、面积、方向等，还受各种主观因素的影响，才使人所感知到的结果与实际的刺激模式是不相符的。

实际应用中我们需要注意如何消除错觉的消极影响，并避开消极影响而利用错觉的现象所呈现给人们的创意进行设计。如在进行景观、建筑、室内设计时，可以通过夸大尺度、突出光影、体积、色彩、质地、肌理、形状、比例、布局等可视形象，营造建筑、景观、室内设计在视觉上的错觉，从而展现了各类艺术的形式美。

1.2 人体运动系统和人体力学

1.2.1 运动系统

运动系统主要是有广义与狭义之分。广义的运动系统由中枢神经系统、周围神经和神经-肌接头部分、骨骼肌肉、心肺和代谢支持系统组成。狭义的运动系统由骨、骨连接和骨骼肌三种器官组成。骨与不同形式（不活动、半活动或活动）的骨连接在一起，构成骨骼，形成了人体体形的基础，并为肌肉提供了广阔的附着点。肌肉是运动系统的主要动力装置，在神经支配下，肌肉收缩，牵拉其所附着的骨，以可动的骨连接为枢纽，产生杠杆运动。

运动系统顾名思义其首要的功能是运动。人的运动是很复杂的，包括简单的移位和高级活动如语言、书写等，都是以在神经系统支配下的肌肉收缩而实现的。即使一个简单的运动往往也有多数肌肉参加，一些肌肉收缩，承担完成运动预期目的的角色，而另一些肌肉则予以协同配合，甚或有些处于对抗地位的肌肉此时则适度放松并保持一定的紧张度，以使动作平滑、准确，起着相辅相成的作用。

运动系统的第二个功能是支持，包括构成人体体形、支撑体重和内部器官以及维持体姿。人体姿势的维持除了骨和骨连接的支架作用外，主要靠肌肉的紧张度来维持。骨骼肌经常处于不随意的紧张状态中，即通过神经系统反射性地维持一定的紧张度，在静止姿态，需要互相对抗的肌群各自保持一定的紧张度所取得的动态平衡。

运动系统的第三个功能是保护，众所周知，人的躯干形成了几个体腔，颅腔保护和支持着脑髓和感觉器官；胸腔保护和支持着心、大血管、肺等重要脏器；腹腔和盆腔保护和支持着消化、泌尿、生殖系统的众多脏器。这些体腔由骨和骨连接构成完整的壁或大部分骨性壁；肌肉也构成某些体腔壁的一部分，如腹前、外侧壁、胸廓的肋间隙等，或围在骨性体腔壁的周围，形成颇具弹性和韧度的保护层，当受外力冲击时，肌肉反射性地收缩，起着缓冲打击和震荡的重要作用。

1.2.2 人体力学

人体力学（Human Mechanics）是运用力学原理研究维持和掌握身体的平衡以及人体从一种姿势变成另一种姿势时身体如何有效协调的一门科学。在医疗保健活动中，人体力学应用十分广泛。

力学是研究宏观物体机械运动规律的科学。人体力学是它的一个分支，它应用力学原理，研究体育运动中人体或器械的机械运动规律，探索人体结构和机能的生物力学特性，寻求合理的动作技术原理，为制定最佳运动技术方案和预防运动创伤提供科学依据。

人体力学认为，人体运动的一切动作都是在大脑调控下肌肉收缩所引起的有目的、有意识的运动行为。人体力学涵盖：研究人体运动与作用于人体的力之间关系的人体动力学；研究人体运动平衡条件的人体静力学；研究运动中人体局部或整体转动原理的人体转动力学以及研究人体内生物流体流动规律的人体流体力学等。随着理论研究的深入和实验手段的更新，有关科研机构在竞技武术技击动作和竞赛套路的难度动作的研究上已取得重大成果。他们应用人体力学原理和现代实验仪器的定性、定量分析，为不同规格的动作找出了合理的技术要求，制定出科学的训练方法。

1.3 重心

重心，主要是指物体的集中点。在重力场中，是物体处于任何方位时所有各组重力的合力都通过的那一点。对于规则和密度均匀物体的重心就是它的几何对称中心；不规则物体的重心，可以用悬挂法来确定。

（1）物理上的重心

物体各部分所受重力的合力的作用点。在不改变物体形状的情况下，物体的重心与其所在位置和如何放置无关。物理上的质心是物体的质量中心，均匀重力场时，重心等同于质心。有规则形状、质量分布均匀的物体的重心在它的几何中心上。

（2）几何上的重心

几何上的重心又称为几何中心，当物体为均质（密度为定值），质心等同于形心。如三角形三条中线的交点（图2–1–6）。

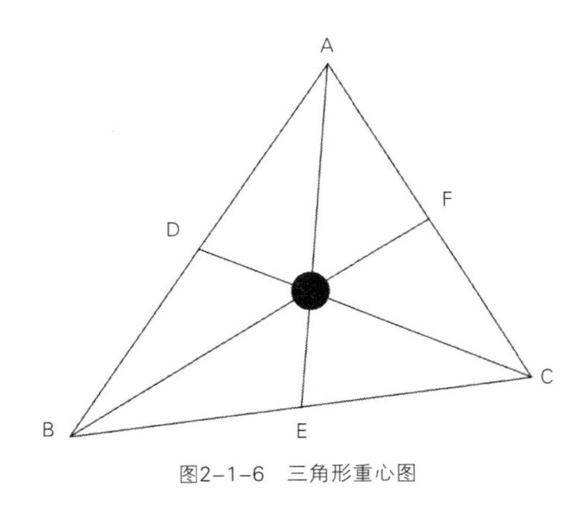

图2-1-6　三角形重心图

图2-1-7　楼梯栏杆示意图

现实生活中，重心的问题无时不在，不论是出于静止状态还是动态的情况下，人体如果处于失重状态就会立即摔倒。在室内设计和家具设计中，重心的尺度更应该重视。人体的重心都是以肚脐为中心，如果设计对象的重心位于肚脐以下，则表现出失重的状态，并使人产生相应的恐惧感。比如说建筑栏杆高度、阳台窗户与地面承重结构的高度等，时刻存在安全隐患。如图2-1-7所示，是人们经常接触到的楼梯栏杆，栏杆的高度设计正传递重心概念的信息。

第二节　人体测量学知识

人体测量学是一门综合学科，主要是通过测量人体各部位尺寸，来确定个体之间和群体之间在骨骼尺寸上的差别。根据尺寸的不同用以研究人的形体特征，并为各种专业设计提供人体测量的参考数据。而这些数据的参数对工作空间、机器、设备等设计具有重要意义，也直接关系到合理地布置工作区域与范围，更能保证合理的工作姿势，使操作者能安全、舒适、准确地工作，减少疲劳和提高工作效率。

2.1 人体测量学概述

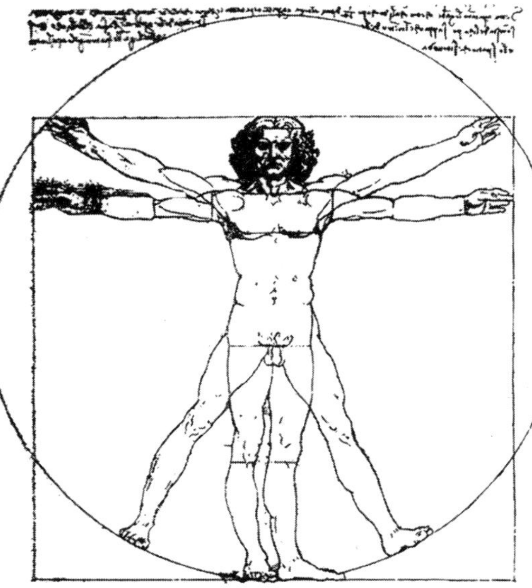

图2-2-1　人体比例图

人体测量学是针对不同种族、年龄、性别、地区、职业的人身体各部位尺寸及其活动范围作静态和动态的测量，来确定个人与群体之间在人体尺寸上的差别的一门学科。其主要任务是通过测量的数据，并运用统计学的方法对人体特征进行量的分析。

人体测量学与人体工程学都是新兴的学科，同时也都具有古老的历史渊源。早期对此门学科有巨大贡献的是1870年比利时数学家奎特（Quitlet）出版了《人体测量学》一书，被人们称为研究此学科的第一人。要追溯到更早时期，应该是公元前1世纪罗马建筑师马可·维特鲁威（Vitruvian）开始从建筑学角度对人体尺度作了全面论述。他出版的书籍《建筑十书》，内容主要包括了罗马的城市规划、建筑测量标准、工程技术等方面的阐述，并把人体自然尺寸运用到建筑的测量上，总结了人体结构与测量的规律及测量方法。在维特鲁威研究的基础上，文艺复兴时期，达芬奇也创作了著名的人体比例图（图2-2-

1）。图片描述的是一个站立的男人，双手侧向平伸的长度恰好是人体身高的尺度，其脚趾恰好也在以肚脐为中心的圆周上。直到20世纪40年代，随着工业化社会的发展，研究者对人体尺寸测量又有了新的认识。人体的尺寸测量帮我们了解了人类进化过程中骨骼发展的情况，以及他们之间的相互关系，同时也可以了解骨骼在生长和衰老过程中的变化等。人们通过对人体的测量，确定人体的各部位标准尺寸，对社会的意义非常大，如为国防事业、工业研究、医疗卫生和体育部门提供了参考数据。

2.2 人体测量基础

人体测量是一门新兴的学科，它是通过测量人体各部位尺寸来确定个体之间和群体之间在人体尺寸上的差别，用以研究人的形态特征，从而为各种安全设计、工业设计和工程设计提供人体测量数据。例如，各种操作装置都应设在人的肢体活动所能及的范围之内，其高度必须与人体相应部位的高度相适应，而且其布置应尽可能设在人操作方便、反应最灵活的范围之内。其目的就是提高设计对象的宜人性，让使用者能够安全、健康、舒适地工作，从而减少人体疲劳和误操作，提高整个人机系统的安全性和效能。

2.2.1 人体测量的基本术语

国标GB3975–1983规定了人机工程学使用的中国成年人和青少年的人体测量术语。该标准规定，只有在被测者姿势、测量基准面、测量方向、测点等符合要求时，测量数据才是有效的。

2.2.2 被测者姿势

（1）立姿

立姿指被测者挺胸直立，头部以眼耳平面定位，眼睛平视前方，肩部放松，上肢自然下垂，手伸直，手掌朝向体侧，手指轻贴大腿侧面，自然伸直，左、右足后跟并拢，两足前端分开大致呈45度夹角，体重均匀分布于两足。

（2）坐姿

坐姿指被测者挺胸坐在被调节到腓骨头高度的平面上，头部以眼耳平面定位，眼睛平视前方，左、右大腿大致平行，膝弯屈大致成直角，足平放在地面上，手轻放在大腿上。

2.2.3 测量基准面

人体测量基准面是由三个互为垂直的轴（铅垂轴、纵轴和横轴）来决定的。人体测量中设定的轴线和基准面如图2–2–2所示。

（1）矢状面

矢状面按前后方向将人体纵切为左右两部分的所有断面。通过人体（或其他物体）铅垂轴和纵轴的平面（即正中矢状面）及与其平行的所有平面。

（2）正中矢状面

在矢状面中，把通过人体正中线的矢状面称为正中矢状面。正中矢状面将人体分成左右对称的两部分。

（3）冠状面

通过铅垂轴和横轴的平面及与其平行的所有平面都称为冠状面。冠状面将人体分成前后两部分。

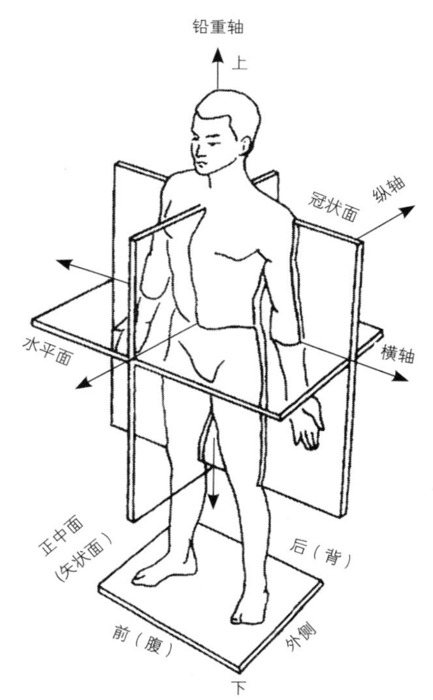

图2–2–2　人体测量基准面和基准轴

（4）水平面

与矢状面及冠状面同时垂直的所有平面称为水平面。水平面将人体分成上下两部分。

（5）眼耳平面

通过左右耳屏点及右眼眶下点的水平面称为眼耳平面。

2.2.4 测量方向

① 在人体上、下方向上，称上方为头侧端，称下方为足侧端。

② 在人体左、右方向上，将靠近正中矢状面的方向称为内侧，将远离正中矢状面的方向称为外侧。

③ 在四肢上，将靠近四肢附着部位的称为近位，将远离四肢附着部位的称为远位。

④ 对于上肢，将桡骨侧称为桡侧，将尺骨侧称为尺侧。

⑤ 对于下肢，将胫骨侧称为胫侧，将腓骨侧称为腓侧。

2.2.5 支撑面和着装

立姿时站立的地面或平台以及坐姿时的椅平面应是水平、稳固的，且不可压缩。要求被测量者裸体或穿着尽量少的内衣（例如只穿内裤和汗背心）测量，在后者情况下，在测量胸围时，男性应撩起汗背心、女性应松开胸罩后进行测量。

2.2.6 基本测点及测量项目

国标GB3975–1983规定了有关中国人人体测量参数的测点及测量项目，其中包括头部测点16个，测量项目12项；躯干和四肢部位的测点共22个，测量项目69项，立姿40项、坐姿22项、手部和足部6项以及体重1项。具体测量时可参阅该标准的有关内容。

此外，国标GB5703–1985又规定了中国人人体参数的测量方法，这些方法适用于成年人和青少年的人体参数测量，该标准对上述81个测量项目的具体测量方法和各个测量项目所使用的测量仪器作了详细的说明。实际测量时，必须按照该标准规定的测量方法进行测量，其测量结果方为有效。

2.2.7 人体尺寸测量用的主要仪器

人体尺寸测量中所采用的人体测量仪器有：人体测高仪、人体测量用直脚规、人体测量用弯脚规、人体测量用三脚平行规、坐高椅、量足仪、角度计、软卷尺以及医用磅秤等。国家对人体尺寸测量专用仪器制订有相应的国家标准，而通用的人体测量仪器可采用一般的人体生理测量的有关仪器。

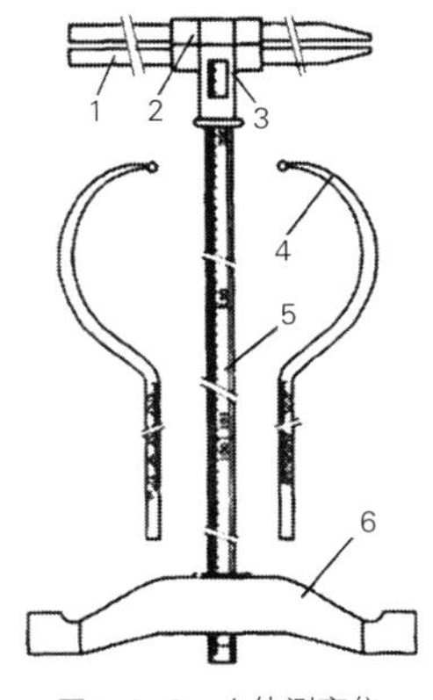

图2–2–3　人体测高仪

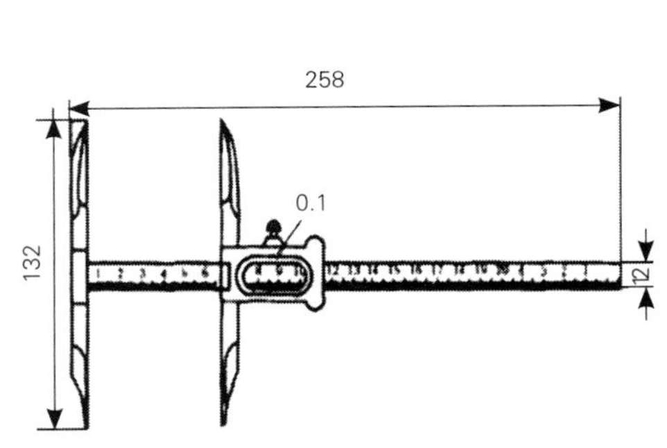

图2–2–4　人体测量用直脚规

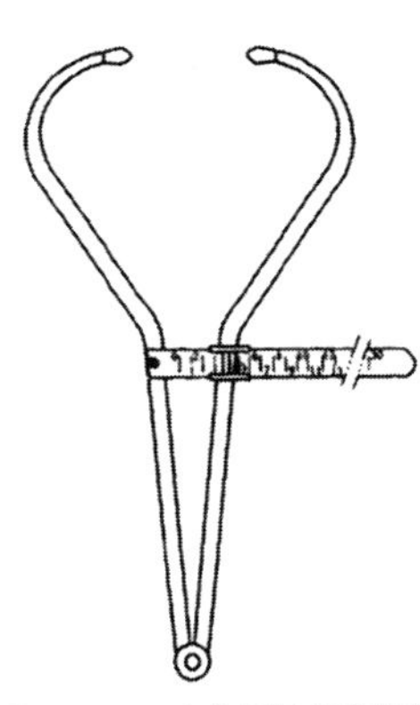
图2–2–5　人体测量用弯脚规

（1）人体测高仪

如图2–2–3所示，人体测高仪又被称为马丁测高仪。由主尺杆（5）、固定尺座（2）、活动尺座（3）、底座（6）、两支直尺（1）和两支弯尺（4）构成。主要的作用是用于测量人体身高、坐高、立姿和坐姿的眼高以及伸手向上所及高度等立姿和坐姿的人体各部位高度尺寸。

（2）直脚规

直脚规由固定直脚、活动直脚、主尺和尺框等组成（图2–2–4）。直脚规的主尺范围是0～200毫米，可测量200毫米范围以内的直线距离。主要的作用是用来测量两点间的直线距离，特别适宜测量距离较短的不规则部位的宽度或直径，如测量耳、脸、手、足部位的尺寸。

（3）弯脚规

如图2–2–5所示，弯脚规由左弯脚、右弯脚、主尺和尺框构成。可用于测量活体和骨骼的尺寸。弯脚规的主尺范围是0～300毫米，可测量300毫米范围以内的直线距离。主要的作用是用于不能直接以直尺测量的两点间距离的测量，如测量肩宽、胸厚等部位尺寸。

第三节　人体尺寸

人体工程学是一门综合学科，也已经成为各类设计的基础参考资料和学习的平台。作为一名设计工作者，不论是室内设计、家具设计，还是景观设计、建筑设计及工业设计等，要想设计出优秀的作品，就必须要了解人体工程学所研究的具体内容。设计是本着“以人为本”的理念，而人体工程学也是建立在人的生理结构、心理感受等基础上，因此，想要做好设计就必须了解人体尺寸的分类、测量的尺度、比例关系及人体重心等相关因素。

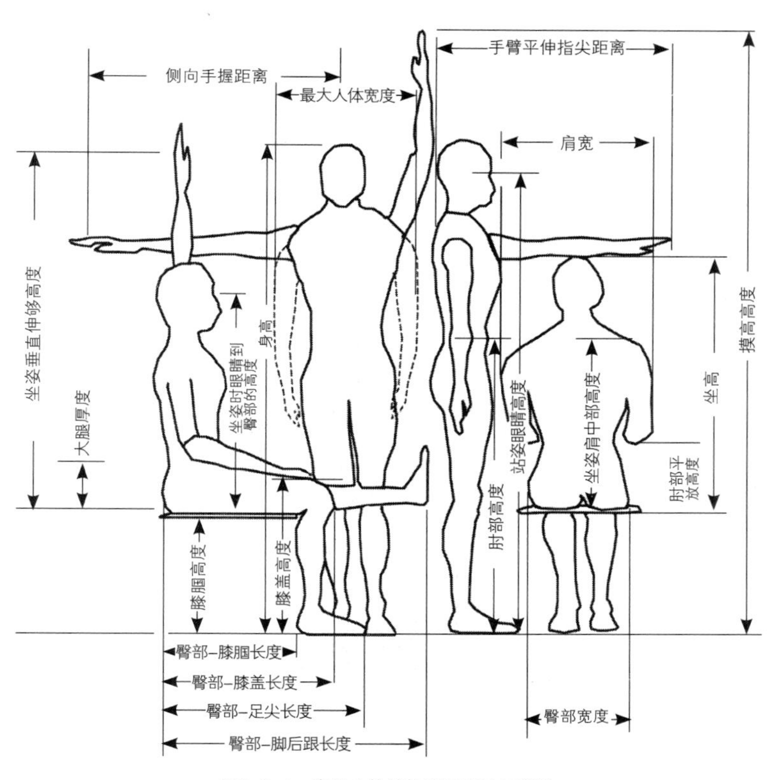

图2–3–1　常用人体结构测量项目示意图

3.1 人体尺寸的分类

人体尺寸的内容主要包括身高、肩宽、臀围、腹围、身体厚度、四肢的长短等。人体尺寸可以分为人体结构尺寸（静态尺寸）和人体功能尺寸（动态尺寸）两种。

3.1.1 人体结构尺寸

人体结构尺寸又称为静态尺寸，是人在静止状态下对人体形态进行的各种测量得到的参数，其主要内容包括身高、站姿眼高、站姿肘高、挺直坐高、上臂长和前臂长、坐姿眼高、肩宽、两肘宽度、臀部宽度、坐姿平放高度、大腿厚度、膝高、膝腘高度、臀部一膝腘部长度、臀部一膝盖长度、臀部一足尖长度、垂直手握高度、侧向手握距离、向前手握距离等，如常用人体结构测量项目示意图（图2-3-1）。它对与人体有直接关系的物体有较大关系，比如家具、环境设施、服装和工具等。

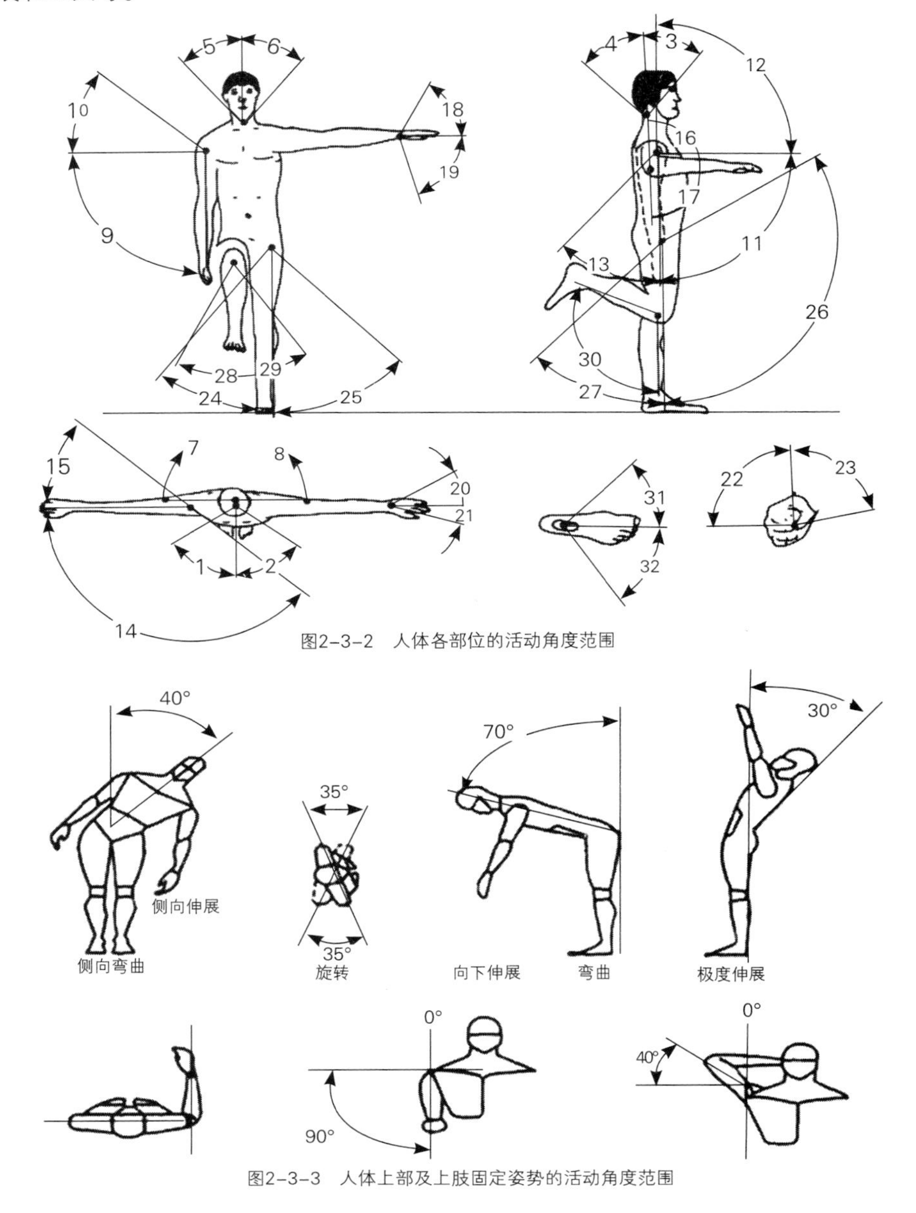

图2-3-2 人体各部位的活动角度范围

图2-3-3 人体上部及上肢固定姿势的活动角度范围

3.1.2 人体功能尺寸

人体功能尺寸又称为动态尺寸，是人在空间范围内肢体活动所能达到的范围参数。这个参数为解决空间范围内的距离、尺度有重要作用，从而为行为空间的设计提供较为准确的参考数据。肢体活动范围主要有两种形式：一种是肢体的活动角度范围（图2–3–2、图2–3–3、表2–2–1），另一种是肢体所能达到的距离范围，常用的距离范围有立姿（图2–3–4）、坐姿（图2–3–5）、跪姿（图2–3–6）、仰卧姿势等（图2–3–7）。

表2–2–1　人体各部位的活动角度范围参考数据

身体部位	移动关节	动作方向	动作角度	
			编号	/（°）
头	脊柱	向右转	1	55
		向左转	2	55
		屈曲	3	40
		极度伸展	4	50
		向右侧弯曲	5	40
		向左侧弯曲	6	40
肩胛骨	脊柱	向右转	7	40
		向左转	8	40
臂	肩关节	外展	9	90
		抬高	10	40
		屈曲	11	90
		向前抬高	12	90
		极度伸展	13	45
		内收	14	140
		极度伸展	15	40
		外展旋转（外观）	16	90
		外展旋转（内观）	17	90
手	腕（枢轴关节）	背屈曲	18	65
		掌屈曲	19	75
		内收	20	30
		外展	21	15
		掌心朝上	22	90
		掌心朝下	23	80
腿	髋关节	内收	24	40
		外展	25	45
		屈曲	26	120
		极度伸展	27	45
		屈曲时回转（外观）	28	30
		屈曲时回转（内观）	29	35
小腿	膝关节	屈曲	30	135
足	踝关节	内收	31	45
		外展	32	50

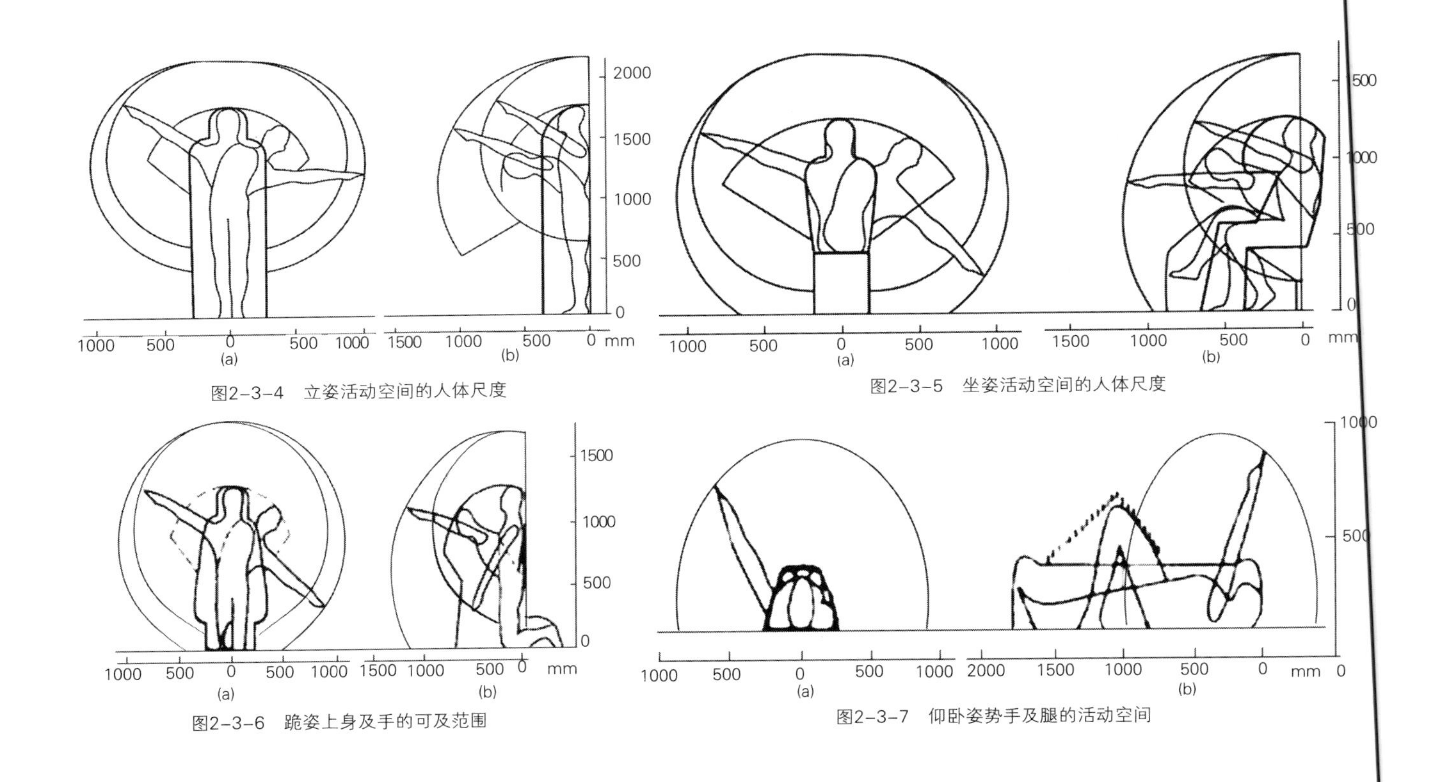

图2-3-4 立姿活动空间的人体尺度

图2-3-5 坐姿活动空间的人体尺度

图2-3-6 跪姿上身及手的可及范围

图2-3-7 仰卧姿势手及腿的活动空间

3.2 人体活动常规尺寸

人体活动经常所用的尺寸包括了结构尺寸和功能尺寸的类型，在室内设计的学科中运用是比较频繁的。常规的尺寸主要是身高、站姿眼高、站姿肘高、挺直坐高、上臂长和前臂长、坐姿眼高、肩宽、两肘宽度等。下面分别从各个尺寸的定义、应用及百分位的选择几个方面来阐述。

3.2.1 身高

① 定义：身高是指人身体直立、眼睛向前平视时从地面到头顶的垂直距离。

② 应用：对于室内设计与建筑设计中常见的门高及门洞的尺寸要求。运用时就要先确定通道和门的最小高度及人头顶上的障碍物的高度。

③ 要点：身高是不穿鞋测量的，一般是净高。因此，设计时应在使用时给予数据修正和补偿。

④ 百分位选择：主要是确定净空高，需要用高百分位即95%数据。

3.2.2 站姿眼高

① 定义：与身高有所不同，指人身体直立、眼睛向前平视时从地面到内眼角的垂直距离。

② 应用：站姿眼高主要是用于设计展品能够在人视线内被识别的尺寸。如剧院、礼堂、会议室等在视线处布置广告和其他展品。

③ 要点：在使用时应给予适当补偿，应与脖子的弯曲和旋转以及视线角度变化数值结合使用，并能确定不同状态下的视觉范围。

④ 百分位选择：依据设计意图不同而不同。比如说，酒店大堂的屏风设计需要考虑到私密空间的设计，就需采用高百分位的选择；反之，如果是开放空间，则可采用低百分位即5%数据。

3.2.3 站姿肘高

① 定义：肘部高度是指从地面到人的前臂与上臂接合处可弯曲部分的距离。

② 应用：对于确定橱柜、展示柜、梳妆台等以及其他站着使用的工作表面的舒适高度。一般最舒适的高度是低于人的肘部高度50～76mm。

③ 要点：确定高度时必须考虑人体活动的性质。

④ 百分位选择：考虑到第5百分位的女性肘部高度较低，这个范围应为88.9～111.8cm，才能对男女使用者都适应。由于其中包含许多其他因素，比如存在特别的功能要求厨房、服务台等工作域，每个人对舒适度的见解不同，因此这些数值是个变量。

3.2.4 挺直坐高

① 定义：挺直坐高是指人挺直坐着时，座椅表面到头顶的垂直距离。

② 应用：用于确定座椅上方障碍物的允许高度。在室内设计中，如办公室、餐厅和酒吧里的隔断，是需要用到这个尺寸。

③ 要点：考虑座椅的倾斜角度、座椅坐垫的弹性、衣服的厚度以及人坐下、站起来时活动的空间都是比较重要的因素。

④ 百分位选择：需要用高百分位即95%数据。

3.2.5 上臂长和前臂长

① 定义：上臂长——从肩关节到肘关节的长度。前臂长——从肘关节到腕关节的长度。

② 应用：考虑的是人的操作和活动空间以及桌面深度和宽度的重要尺寸。

③ 百分位选择：5%数据。

3.2.6 坐姿眼高

① 定义：是指人的内眼角到座椅表面的垂直距离。

② 应用：在设计剧院、办公室、礼堂、教室、客厅和其他需要有良好视听条件的室内空间时，用于确定视线和最佳视区要用到这个尺寸。

③ 要点：应与头部与眼睛的转动范围、座椅软垫的弹性、座椅面距地面的高度和可调座椅的调节范围统一考虑。

④ 百分位选择：有适当的可调节性为好。

3.2.7 肩宽

① 定义：肩宽是指两个三角肌外侧的最大水平距离。

② 应用：用于确定环绕桌子的座椅之间的纵横间距、影剧院与礼堂中的排椅座位间距，也可以确定公用和专用空间通道的间距。

③ 要点：考虑衣服的厚度。薄衣服要附加7.9mm，厚衣服附加7.6cm。另外，由于躯干和肩的活动，也会使两肩之间所需的活动空间加大。

④ 百分位选择：采用高百分位即95%数据。

3.2.8 两肘宽度

① 定义：指两肘屈曲、自然靠近身体、前臂平伸时两肘外侧面之间的水平距离。

②应用：是用于确定座椅与会议桌之间的距离、椅背宽以及柜台周围座椅的位置。

③要点：宽度应与肩宽尺寸两者结合使用。

④百分位选择：对于两肘宽度涉及到尺寸的间距问题，需用高百分位即95%数据。

3.2.9 臀部宽度

①定义：臀部宽度是指臀部最宽部分的水平尺寸。

②应用：对于室内设计、室外设计都需要用到的尺寸，如确定座椅、景观石凳等内侧尺寸。

③要点：根据上述尺寸条件，应与两肘宽度和肩宽结合使用。

④百分位选择：需用高百分位即95%数据。

3.2.10 肘部平放高度

①定义：指从座椅表面到肘部尖端的垂直距离。

②应用：用于确定椅子扶手、工作台、书桌、餐桌和其他特殊设备的高度。

③要点：与座椅软垫的弹性、座椅表面的倾斜以及身体姿势一起考虑。

④百分位选择：肘部平放高度既不涉及间距问题也不涉及伸手够物的问题，所以选择中间百分位即50%数据。主要是考虑手臂伸展的舒适感，正好第50百分位数据满足人体的测量标准。

3.2.11 大腿厚度

①定义：从座椅表面到大腿与腹部交接处的大腿端部之间的垂直距离。

②应用：主要是体现在设计柜台、书桌、会议桌及其他一些室内设备的关键尺寸，这些设备都需要把腿放在工作面下面。如更需要注意的是考虑到推拉抽屉的活动空间及尺寸，要使大腿及上方障碍物保持一定的尺寸间距。

③要点：应与膝高度和座椅软垫的弹性等因素一起考虑。

④百分位选择：涉及间距问题采用95%数据。

3.2.12 膝高

①定义：指从地面到膝盖骨中点的垂直距离。

②应用：与大腿厚度的应用范围及要求是一致的，二者不可分割。

③要点：要同时考虑座椅高度和座垫的弹性。

④百分位选择：涉及间距问题采用95%数据。

3.2.13 膝腘高度

①定义：指人挺直身体坐着时，从地面到膝盖背后（腿弯）的垂直距离。

②应用：主要是确定座椅面与地面之间的高度尺寸。

③要点：需注意座垫的弹性。

④百分位选择：第5百分位的数据。

3.2.14 臀部—膝腿部长度

①定义：是指由臀部最后面到小腿背面的水平距离。

②应用：用于确定座面的深度。

③ 要点：要考虑椅面的倾斜度，并结合臀宽尺寸使用。
④ 百分位选择：采用第5百分位的数据。

3.2.15 臀部一膝盖长度

① 定义：臀部一膝盖长度是从臀部最后面到膝盖骨前面的水平距离。
② 应用：用于确定椅背到膝盖前方的障碍物之间的适当距离，例如用于影剧院、礼堂和作礼拜的固定排椅设计中。
③ 要点：应与臀部一足尖长度结合使用。
④ 百分位选择：95%的数据。

3.2.16 臀部一足尖长度

① 定义：臀部一足尖长度是从臀部最后面到脚趾尖端的水平距离。
② 应用：与臀部一膝盖长度一致。
③ 要点：二者应结合使用。
④ 百分位选择：95%的数据。

3.2.17 垂直手握高度（摸高）

① 定义：在垂直作业区内，手举起时达到的高度。
② 应用：主要用于厨房的吊柜、书架、货架、衣帽间吊柜、控制器等家具的主要尺寸依据。
③ 要点：使用时要给予适当的补偿。
④ 百分位选择：5%的数据。

3.2.18 侧向手握距离

① 定义：指人直立，右手侧向平伸握住横杆，一直伸展到没有感到不舒服或拉得过紧的位置，这时从人体中线到横杆外侧面的水平距离。
② 应用：用于确定控制开关等装置的位置和确定人侧面的书架位置。
③ 要点：要考虑专门的手动装置的延长量。
④ 百分位选择：5%的数据。

3.2.19 向前手握距离

① 定义：指人肩膀靠墙直立，手臂向前平伸，食指与拇指尖接触，这时从墙到拇指梢的水平距离。
② 应用：用来确定障碍物的最大尺寸。如在工作台上方安装搁板或在办公室工作桌前面的低隔断上安装小柜以及确定工作面深度。
③ 要点：根据工作性质的不同来确定。
④ 百分位选择：5%的数据。

3.3 人体的比例关系

人体的比例关系主要是两个方面的要求：一个是指个体自身身高、肩宽、上肢与下肢之间的比例关系；另一个是指与他人或群体之间多个部位相比较的比例关系。在人体测量的基础上更能深入了解人体的比例关系。对于环境设计专业来说，不论是室内还是室外景观设计，学生所做的作业看上去往往视觉上不舒服，大部分的原因还是对于人体的尺寸

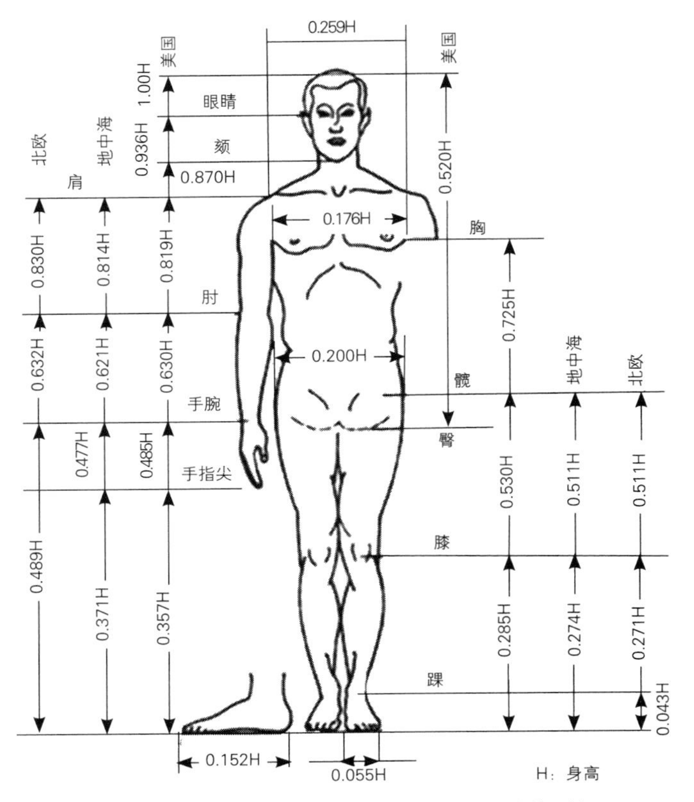

图2-3-8　美国、北欧以及地中海国家男性的身体比例

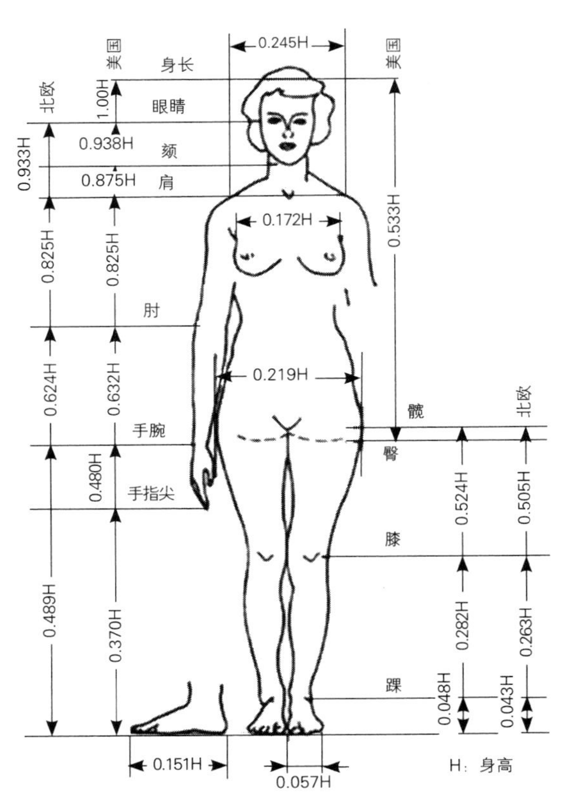

图2-3-9　美国、北欧国家女性的身体比例

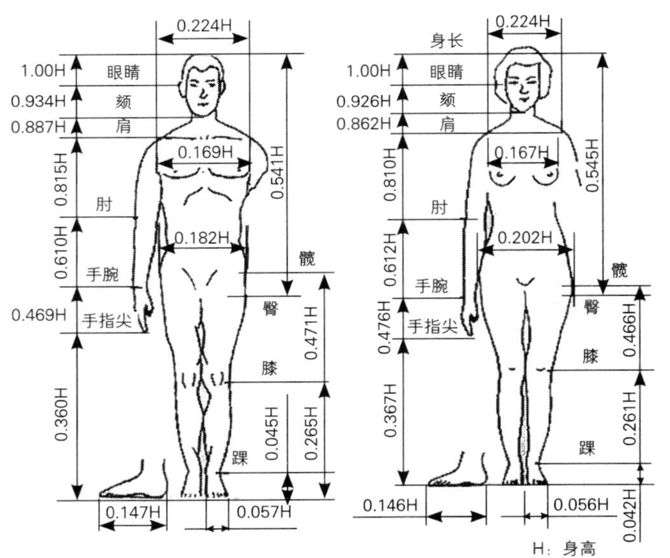

图2-3-10　中国常用男性、女性的身体尺寸

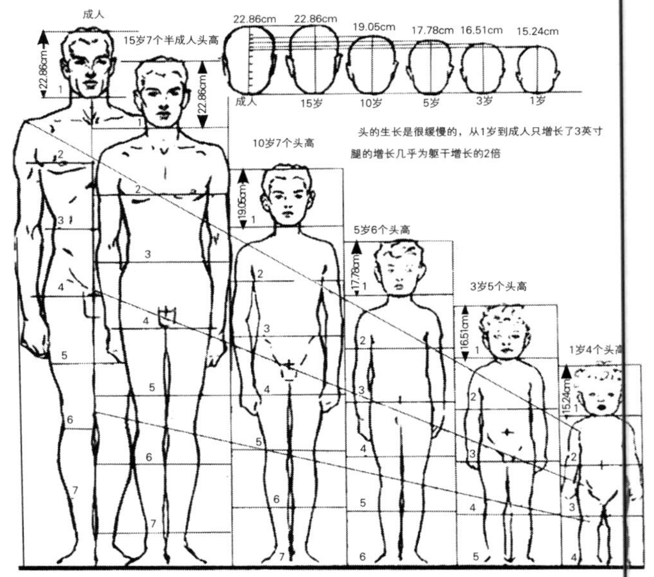

图2-3-11　成年人与儿童尺寸

与比例的概念比较模糊。一般来说成年人的人体尺寸之间存在一定的比例关系，但是对于不同种属人的人体比例系数不同——如白人、黑人、黄种人；男女之间；成人与小孩之间等（图2–3–8至图2–3–11）。因此，设计师需要了解任何一种人体尺寸的差异，这样才能更精确地使用人体尺寸的数据，让设计方案达到最佳的目的。

第四节　影响人体尺寸差异的因素

人体尺寸的测量如果仅限于眼前积累的资料是远远不够的，还需要进行大量的细分工作。影响尺寸测量的因素比较多，也相对复杂些。人体尺寸测量所研究的范围是个人与个人之间，群体与群体之间，或个人与群体之间。人体尺寸本身也存在很多差异，如不深入了解这些就不可能完全合理地使用人体尺寸的数据，结果也就可能达不到预期的目的。存在的差异主要有以下几方面。

4.1 种族、地区差异

世界上有许多的人种，根据体质特征的差异，全世界人种大致上分为3大人种，黄色人种、白色人种、黑色人种。由于不同国家、不同地区、不同种族的人体尺寸的差异，也因生存环境、地理状况及遗传特质等限制性条件，人体尺寸的差异性是比较大的。即使是同一国家，不同地区的人体尺寸也有差异。从越南人的160.5厘米到比利时人的179.9厘米，身高的落差将有19.4厘米。因此，在各类设计中都应考虑产品的多民族、多地区的通用性。这样，对于人体尺寸的要求就更加因地制宜和严谨（表2–4–1）。

表2–4–1　各国人体尺寸对照表　（单位：cm）

人体尺寸(均值)	德国	法国	英国	美国	瑞士	亚洲
身高	172	170	171	173	169	168
身高(坐姿)	90	88	85	86	—	—
肘高	106	105	107	106	104	104
膝高	55	54	—	55	52	—
肩宽	45	—	46	45	44	44
臀宽	35	35	—	35	34	—

4.2 世代差异

在现代社会生活中，一个普遍的现象引起人们关注：孩子的快速成长是家长很关心的问题，子女的身高一般要比父母高。这个问题也已经在人口平均身高的测量数据上得到证实。根据欧洲所预测的数据得知，国家居民人口的身高每10年增加10～14毫米。如果还是按照以前的测量数据来进行设计将会导致相应的错误，以及不必要的麻烦。

4.3 年龄差异

年龄的差异也是设计师需要注意的问题，体型也是随着年龄的变化开始有所改变，最为明显的时期是青少年时期。人体尺寸的增长过程中：女孩一般是在18岁结束，男孩在20岁时结束直至30岁完全停止增长。随后，人体尺寸随着年龄的增加而缩减，而体重、宽度及围长的尺寸却是反之。普遍来说，年轻人要比年长的老人身高高一些，体重偏轻一些。所以，在进行空间设计时，应分别对不同群体、不同年龄段进行综合考虑，查看是否符合各方面要求，如图2-4-1所示。

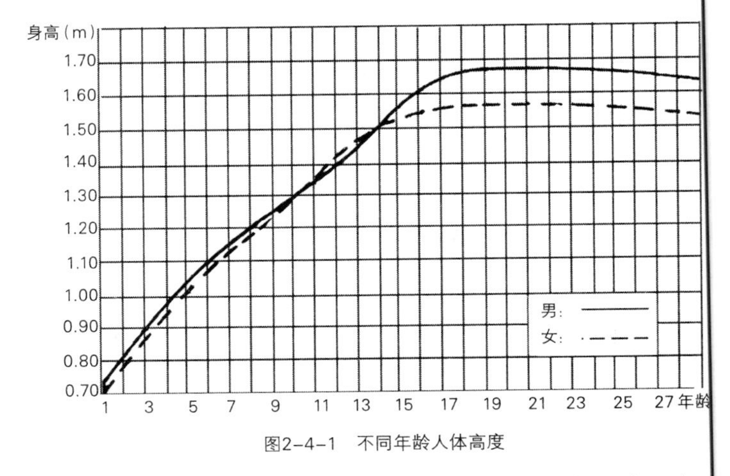

图2-4-1　不同年龄人体高度

对于现代社会来说，老龄化程度加剧，针对老人的尺寸研究数据相对来说较少。所以，涉及老人的人体尺寸，至少应关心两个方面。

① 年长者要比年轻人身高矮；

② 年长者伸手够东西的能力也不如年轻人。

另外，儿童尺寸设计资料也是很少的。如幼儿园、儿童玩具、学校等活动场所都应考虑到安全和舒适的因素，这样会减少设计不当引发的伤亡事故。

在使用人体尺寸时，首先要准确判断所针对对象适合的年龄组，根据不同年龄组尺寸数据的差异进行适当的设计。下面采用的一组数据可以解释人体尺寸对年龄的要求。

人体尺寸增长过程（结束）：男20岁、女18岁。

手的尺寸（达到一定值）：男15岁、女13岁。

脚的大小（基本定型）：男17岁、女15岁。

成年人：身高随年龄增长而收缩；体重、肩宽、腹围、臀围、胸围却随年龄增长而增长。

4.4 性别差异

性别差异也是一个影响人体尺寸设计比较常见的因素，即男女之间的差异。对于大多数人体尺寸，男性比女性都要大。但是，女性的某些尺寸比男性大，如肩较窄、骨盆较宽、臀部较宽、胸厚。所以，在一些尺寸起重要作用的场所是需要考虑性别差异的。

4.5 职业差异

根据职业的不同，在人体尺寸方面也是有着明显的差异。如一般体力劳动者平均身体尺寸都比脑力劳动者稍大些；空姐的身高要普遍高一些；运动员的身体尺寸、模特及军人的尺寸都是有差异的。

4.6 残疾人差异

每个国家中，残疾人也占一定的比例。在国外，针对残疾人设计有专门的学科研究——无障碍设计，并已经形成比较系统的体系。任何的设计都是要考虑到这一细节，如建筑设计、公园设计、道路设计都要考虑残疾人坡道和盲道。针对残疾人不同的状况设计的尺寸也是有差异的，如常见的有可以直立行走的与依靠轮椅行走的尺寸等（图2-4-2、图2-4-3）。

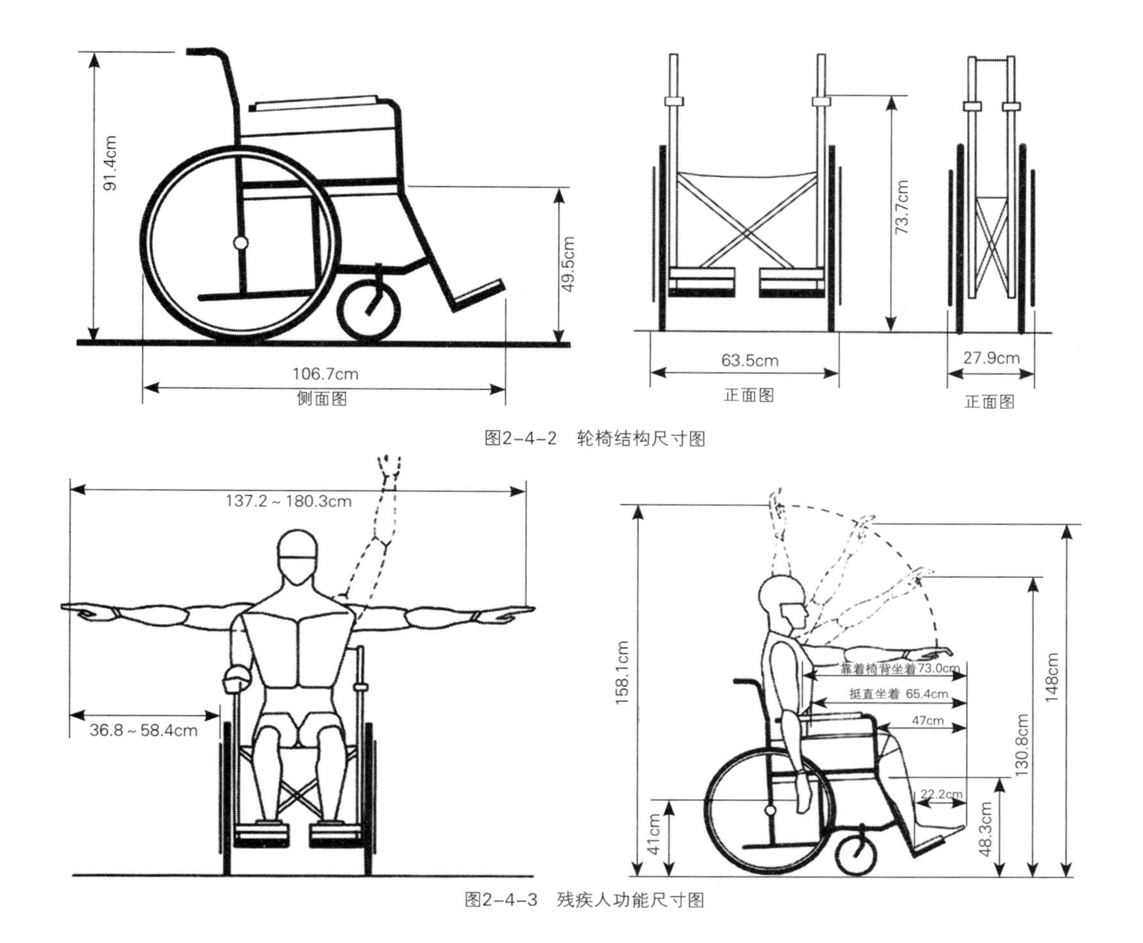

图2-4-2 轮椅结构尺寸图

图2-4-3 残疾人功能尺寸图

第五节 人体测量数据的处理

5.1 数据的特征

数据的整理是设计过程中一个重要的过程，为了使设计更加合理与实用，需要对人体测量工作后的原始数据进行统计处理与分析，最终得到能表达该群体人体尺寸的各种特性的统计数据。在对人体测量数据作统计处理时，统计量的使用能帮助我们很好地描述人体尺寸的变化规律性，通常要使用三个统计量如下。

（1）均值

均值是用来衡量一定条件下的测量水平和概括地表现测量数据的集中趋势。

（2）标准差

标准差是表明一系列测量数据均值的波动及分布情况。标准差大，数据分布较广，表示各变数分布广，也就远离平均数。反之，标准差小，表示数据更加接近平均数。标准差的变化表明了测量数据的离近趋势。同时，通过标准偏差的数值可以衡量变量值的变异程度和离散程度，也可以概括地

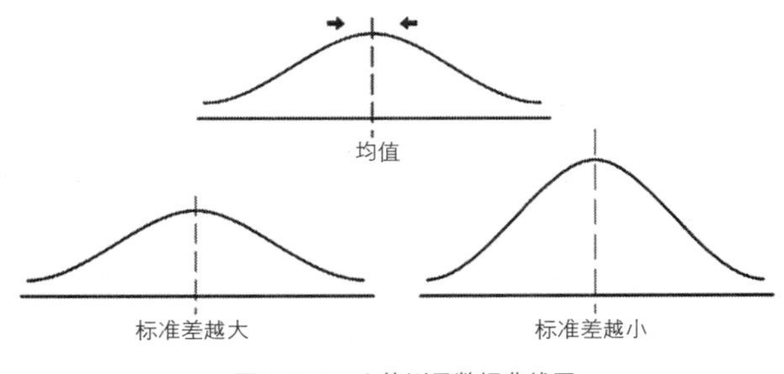

图2-5-1 人体测量数据曲线图

估计变量值的频数分布。标准差对于区分产品的规格或确定产品的可调节范围有很大影响。用均值决定其基本尺寸，而用标准差决定调整量（图2-5-1）。

（3）百分位数

数据测量的对象是个体与个体、个体与群体及群体之间。所以，人体测量数据并不是单独的某一个或几个人之间的数据，这样的数据不具有科学性，也不能作为各类设计的依据。任何产品都必须适合一定范围的人群使用。虽然人体的尺寸不是成正态分布，但是一般情况下要采用正态曲线来表示。百分位设计中需要的是一个群体的人体测量数据，通常的做法是通过测量群体中较少量的个体样本的数据，再进行统计处理而获得所需的群体的人体测量数据。人体测量的数据常以百分位数来表示。百分位与百分位数的概念要有所区分，百分位主要是表示某一人体尺寸与小于该尺寸的人所占统计对象总人数的百分比。百分位数则是相对应于百分位的实际数值，比如说身高第5百分位的百分位数为1630mm，即5%的人身高小于1630mm。

5.2 百分位与满足度

（1）百分位

百分位数是人体尺寸测量作统计处理的一个特征。百分位与百分位数的区别在前文已经注明。由于人体尺寸会有很大的变化，因此百分位并不是某一个确定的数值，而是分布在一定的范围内。比如说我们亚洲人的身高普遍是151～188厘米，而我们在设计时却只能用一个确定的数值，但是这个数值并不是像我们想的那样用这个区间的平均值就行，怎样确定那一数值的使用性呢？这个就是百分位所要解决的问题。

百分位由百分比表示，称为“第几百分位”。通常是指把研究对象分成100份，根据一些被指定的人体尺寸项目，进行从最小到最大顺序排列，并进行分段比较，而每一段的节点即为一个百分位数。常用的百分位数有第5百分位、第50百分位、第95百分位。如50%称为第50百分位，以此类推。举个例子来说，百分位与百分位数的概念，身高分布的第5百分位数为1630mm，则表示有5%的人的身高将等于或低于这个高度，至于其95%的身高肯定要高于此数值；第50百分位则为中点，表示把一组数平分成两组较大的50%和较小的50%。第50百分位数的数值可以说接近平均值。

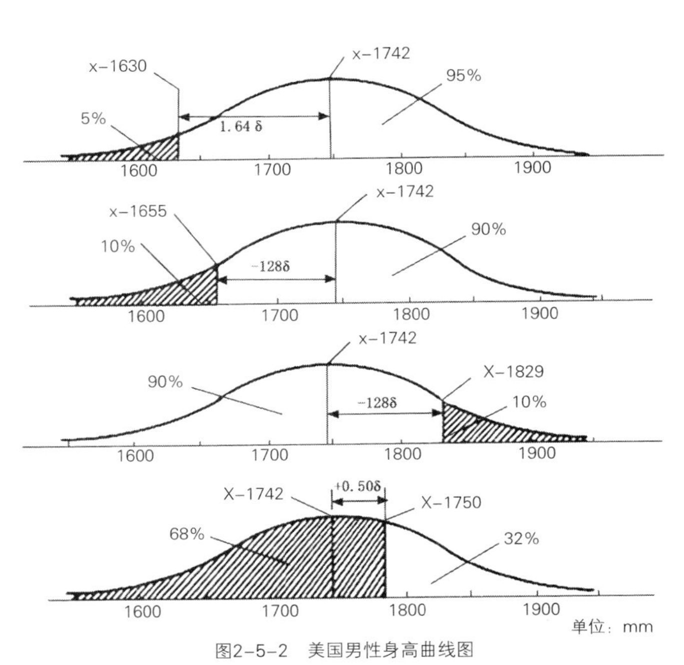

图2-5-2　美国男性身高曲线图

图2-5-2说明上述的问题，设计不可能满足所有人的要求，但可以做到满足大多数人。所以必须从中间部分抽取符合大多数人的尺寸数据作为参考依据，因此百分位表示的曲线应是正态分布的状态。

（2）满足度

满足度是指所设计的产品或机械，在尺寸上能满足的适合使用者的人数所占特定使用者群体的百分率，称为满足度。这是产品或机械系统中有关人机环境方面的一项设计指标。满足度的取值应根据设计该产品中所依据的使用者群体的人体尺寸的变异性和技术可能性以及经济上的合理性等因素进行综合的权衡。基于人体尺寸变异性大的特点应当充分认识到，设计师在所设计的产品中，并不是仅供中等身材的人使用的，而是为了满足占特定使用者群体中相当大百分率的人使用而设计的。

然而，设计师要想做到满足度的最大化，也是可以通过对产品的材料选择或结构设计来解决此问题。如机动车驾驶员的座椅设计要考虑人体尺寸的变异性更多一点，现在驾驶员的座椅设计的效果是可以进行高度、前后调节的结构，这样更能满足高身材和低身材的使用者。每一个设计师都想把自己所设计的产品达到完美，也能够满足特定使用者群体中所有的人使用，为其服务。但是要想达到100%的满足度，技术上或经济上往往是不可能实现。因此，在实际设计中，通常均以满足度达到90%作为设计目标。

5.3 数据的修正

数据的修正主要是指在人体测量时，需要考虑给衣服、鞋、帽留下适当的空间，也就是在人体尺寸上增加适当的着装修正量。有关人体尺寸的数据是根据裸体或穿单薄内衣的条件下测得的，测量时处于不穿鞋的状态。但是在设计中所涉及的人体尺度应该是处在穿衣、穿鞋及戴帽条件下的人体尺寸。因此，在设计时应先考虑人体尺寸所附着的衣物等相关尺寸，如表2-5-1所示。

数据修正值包括功能修正量和心理修正量。在人体测量时，要求躯干挺直，一般在正常作业时，躯干会处于自然放松姿态，此时需要考虑姿势的变化量。所以，功能修正量就等于着装修正量加姿态变化量等。另外，为了克服人们心理上产生的“空间压抑感”、“高度恐惧感”，或为了满足人们“求美”、“求奇”等心理需求，需要在产品最小功能尺寸上附加一项增量，即心理修正量。

① 最小功能尺寸=人体尺寸百份位数+功能修正量

② 最佳功能尺寸=最小功能尺寸+心理修正

表2-5-1　正常人着装身材尺寸图　（单位：mm）

项目	尺寸修正量	修正原因
站姿高	25～38	鞋高
坐姿高	3	裤厚
站姿眼高	38	鞋高
坐姿眼高	3	裤厚
肩宽	13	衣
胸宽	8	衣
胸厚	18	衣
腹厚	23	衣
立姿臀宽	13	衣
坐姿臀宽	13	衣
肩高	10	衣(包括坐高8及肩7)
两肘间宽	20	
肩一肘	8	手臂弯曲时，肩肘部衣物压紧
臂一手	5	
叉腰	8	
大腿厚	13	
膝宽	8	
膝高	33	
臀一膝	5	
足宽	13～20	
足长	30～38	
足后跟	25～38	

思考与练习

1. 人体尺寸的分类是怎样的?
2. 人体活动常规尺寸有哪些，分别说明应用的要点。
3. 人体测量的方法主要有哪些?
4. 导致人体尺寸存在差异的主要方面有哪些?
5. 什么是百分位?

第三章　人与环境

教学目的

通过该章节的学习，要求学生掌握和设计有关的人的生理与心理的特点，能够把所学理论应用于实践，从人与环境的角度出发进行人性化设计。要求学生掌握相关数据的查阅与应用方法，结合具体案例熟练应用。

章节重点

人和环境交互作用在设计中的应用。

无论工作、学习、生活还是娱乐，我们都需要有一个与之相适应的环境，环境的质量将会直接影响工作、生活的效率以及身心健康。

传统的空间使用理论，是以人的尺度感和满足感来处理空间的。但人与空间的关系并不是如此简单，人的活动是广泛的，不同文化背景下的人，生活在不同的感觉世界中，人们对同一个空间，会形成不同的感觉。而他们的空间使用方式、个人空间、领域感、私密感等也不相同。这样，不同文化背景下的人群，对空间环境的需求也就不相同，表现在行为方式上，就会有一定的差异。因此，运用人体工程学来协调人与环境之间的关系，使“人—机—环境”达到一个理想的状态，就显得尤为重要。在设计当中，对人的行为方式与所处环境进行分析研究，也通常是构思优秀设计方案的基础。

本章系统阐述了人的行为与环境之间的关系，应用人体工程学、环境行为学和环境心理学的知识，以“人体—动作空间—场所—环境”为主线，并循序渐进地将这些知识编织起来，使学生、设计师等相关者在环境设计中正确运用这些知识，创造出更加安全、健康、高效、舒适、美观和宜人的生活工作环境。

第一节　人与环境的交互作用

人类自诞生起，为了生存和发展就在不断地向大自然索取，利用大自然赋予我们的丰富资源来改造生存环境，建造我们美丽的家园。在美化生活环境的行为中，尽管人类一直处于主导地位，但生态系统的各个组成部分却是相互联系的，如果大规模地干预自然、影响生态平衡，就会造成生存环境的恶化，给人类生存带来巨大的危机。

如今人们逐步认识到环境对人类造成的危害，也加强了对环境刺激和人体效应的研究运用，即是本节所说的人与环境的交互作用，如生态城市的建设、城乡生态循环系统的综合治理、生态建筑设计、绿色环保建材的利用等为人类创造了健康、卫生、安全的人工环境。从各项数据的研究中，我们将人与环境的交互作用总结如下。

1.1　人体外感官和环境交互作用

当人体受到各种环境因素的影响时，人体的感官受到刺激就要做出相应的反应。比如夏天气温很高，人体的汗腺不停地分泌汗液，以降低体温；到了冬季，气温较低，皮肤收缩加紧蓄热；当人体受到强烈阳光刺激时，人的瞳孔会自动调节，减少进光量，以适应环境；当人进入黑暗的地方时，人的瞳孔又自动调节，使人看清周围事物；当人乘船受到风浪颠簸时，人会自觉地摇摆，以保持身体平衡；当我们的手碰到很热或很冷的物体时，会自动地缩回；当我们突然听到很响的声音时，会自觉地捂住耳朵，以适应环境的刺激；同样，当人闻到臭味会马上捂住鼻子，吃到难吃的东西就会恶心想吐，等等。以上的所有现象都是人体受到刺激后作出的反应，也就是环境因素引起的物理刺激或化学刺激。

1.2 人体内感官和环境交互作用

人体的感官或大脑受到生理因素或环境信息引起的心理因素刺激后，也会作出相应的反应，如人饥饿的时候，腹内会不自觉地咕噜咕噜地叫；人低血糖时会觉得头晕目眩；心慌时，心跳会加快；呼吸困难时，会张大嘴巴大口呼吸或加速呼吸等。这些反应都是人体感官受到生理因素刺激后所作出的生理效应。

1.3 人的心理和环境交互作用

当大脑通过人体感官收到各种信息时，会作出相应的心理反应。比如，当人们作出成绩被表彰时，会情不自禁地感到喜悦；受到不公平的对待，会感到愤怒；失去亲人朋友会悲伤；就连人们回忆往事的时候也会作出不同的心理反应。这种受到信息的刺激所表现出的喜、怒、哀、乐的反应，属于心理效应。

1.4 刺激和效应

各种环境刺激所引起的各种反应，都有一个适应过程和范围。当环境刺激很小时，不能引起人们感官的反应，刺激中等时人们会能动地进行自我调节，刺激超出人们接受能力时，人们会自动反应，甚至会改变或调整环境，创造新的环境来适应人们的需要。这种刺激效应是人类发展的基础，也是人类建筑活动的原动力。当然，这也是室内设计的理论依据。

第二节　人的心理与环境

在阐述人的心理之前，我们先对“环境”和“心理学”的概念简要地了解一下。

环境即为“周围的境况”，相对于人而言，环境可以说是围绕着人们，并对人们的行为产生一定影响的外界事物。环境本身具有一定的秩序、模式和结构，是一系列有关的多种元素和人的关系的综合。人们可以使外界事物产生变化，而这些变化了的事物，又会反过来对行为主体——人产生影响。例如，人们设计创造了简洁、明亮、高雅、有序的办公室内环境，相应的，环境也能使在这一氛围中工作的人们有良好的心理感受，能诱导人们更为文明、更为有效地进行工作。心理学则是研究认识、情感、意志等心理过程和能力、性格等心理特征的学科。

关于心理学与环境设计的关系，《环境心理学》一书中译文前言内的话很能说明一些问题：“不少建筑师很自信，以为建筑将决定人的行为”，但他们“往往忽视人工环境会给人们带来什么样的损害，也很少考虑到什么样的环境适合于人类的生存与活动”。以往的心理学“其注意力仅仅放在解释人类的行为上，对于环境与人类的关系未加重视”。环境心理学则是以心理学的方法对环境进行探讨，即在人与环境之间是“以人为本”，从人的心理特征来考虑研究问题，从而使我们对人与环境的关系、对怎样创造人工环境，都应具有新的更为深刻的认识。

环境心理学是一门新兴的综合性学科，是研究环境与人的行为之间相互关系的学科，它着重从心理学和行为的角度，探讨人与环境的最优化，即怎样的环境是最符合人们心愿的。它与多门学科，如医学、心理学、环境保护学、社会学、人体工程学、人类学、生态学以及城市规划学、建筑学、室内环境学等学科关系密切。它非常重视生活于人工环境中人们的心理倾向，把选择环境与创建环境相结合，着重研究下列问题：环境和行为的关系、怎样进行环境的认知、环境和空间的利用、怎样感知和评价环境、在已有环境中人的行为和感觉。

对环境设计来说，上述各项问题的基本点即是如何组织空间，设计好界面、色彩和光照，处理好室内环境，使之符合人们的心愿。

2.1 领域性与人际距离

2.1.1 领域性

领域性是使人对实际环境中的某一部分产生具有领土感觉的作用，从动物的行为研究中借用过来的，是指动物的个体或群体常常生活在自然界的固定位置或区域，各自保持自己一定的生活领域，以减少对于生活环境的相互竞争，这是动物在生存进化中演化出来的行为特征。源于动物本能，人也具有相应的领域性。但是人与动物毕竟在语言表达、理性思考、意志决策与社会性等方面有本质的区别，因此领域性对人已不再具有生存竞争的意义，而更多的是心理上的影响。例如，人在工作、生活中，有其必需的生理和心理范围与领域，力求其活动不被外界干扰或妨碍，给自己营造一个相对安静的学习空间（图3-2-1）。

在设计中，领域性倾向于表现为一块个人可以提出某种要求承认的不动产，闯入者将遇到不快。其在日常生活中是常见的，如办公室中你自己的座位（图3-2-2），住宅门前的一块区域等。利用人类的这种心理特性可以做出有针对性的设计，来满足特殊的空间需要。

图3-2-1 书房的领域性

图3-2-2 办公室的个人领域性

2.1.2 人际距离

室内环境中个人空间常需与人际交流、接触时所需的距离统一考虑，人际接触实际上根据不同的接触对象和在不同的场合，在距离上各有差异，如熟人和平级人员距离较近，生人和上下级距离较远。赫尔以动物的环境和行为的研究经验为基础，根据人际关系的密切程度、行为特征将人际距离作了如下划分（图3-2-3）：密切距离（近程为0～15cm；远程为15～45cm）；人体距离（近程为45～75cm；远程为75～120cm）；社会距离（近程为1.2～2.1m；远程为2.1～3.6m）；公众距离（近程为3.6～7.5m；远程为7.5m以上）。每类距离中，根据不同的行为性质再分为接近相与远方相。例如，在密切距离中，亲密度达到可嗅觉和辐射热感觉为接近相；可与对方接触握手为远方相。当然对于不同民族、宗教信仰、性别、职业和文化程度等因素，人际距离也会有所不同。

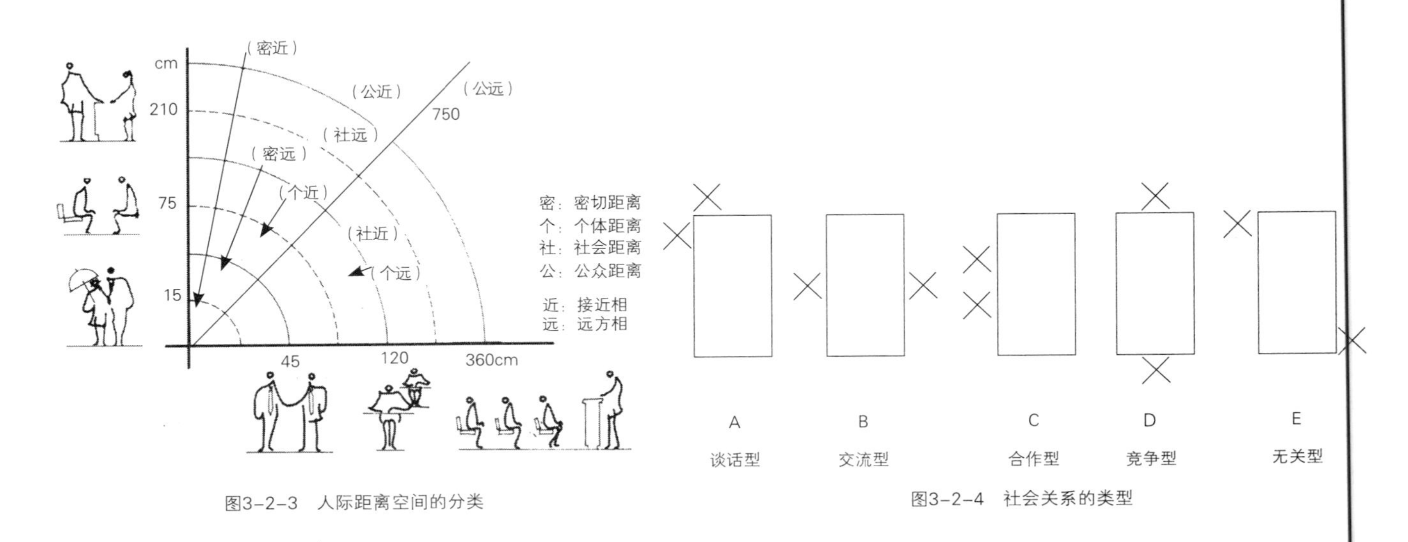

图3-2-3　人际距离空间的分类

图3-2-4　社会关系的类型

可见，人际距离的大小取决于人们所在的社会集团和所处情况的不同，在一定程度上体现了当事人之间关系的真正性质，从图3-2-4中我们可以看出人际距离的五种类型所反映出的社会关系。

2.2 私密性与尽端趋向

如果说领域性主要在于空间范围，则私密性更涉及在相应空间范围内包括视线、声音等方面的隔绝要求。私密性在居住类室内空间中要求更为突出。

日常生活中人们还会非常明显地观察到，集体宿舍里先进入宿舍的人，如果允许自己挑选床位，他们总愿意挑选在房间尽端的床铺，可能是由于生活、就寝时相对地较少受干扰。同样的情况也见之于就餐人对餐厅中餐桌座位的挑选，相对的人们最不愿意选择近门处及人流频繁通过处的座位，餐厅中靠墙卡座的设置，由于在室内空间中形成更多的“尽端”，也就更符合散客就餐时“尽端趋向”（图3-2-5）的心理要求。

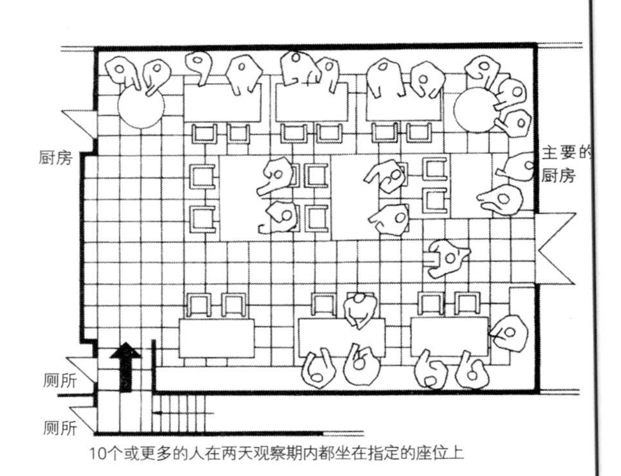

图3-2-5　餐厅中人们选择的位置

2.3 依托的安全感

生活、活动在室内空间的人们，从心理感受来说，并不是越开阔、越宽广越好，人们通常在大型室内空间中更愿意有所“依托”物体。

在火车站和地铁车站的候车厅，人们并不较多地停留在最容易上车的地方，而是愿意待在柱子边，人群相对散落地汇集在厅内、站台上的柱子附近，适当地与人流通道保持距离，使人们感到有了依托感和安全感（图3–2–6）。

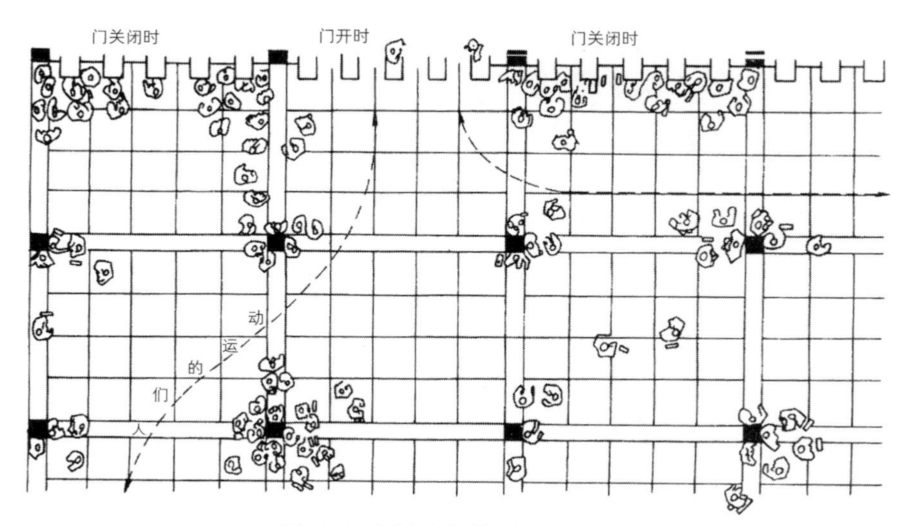

图3–2–6 火车站人们等候时所选择的位置

2.4 从众与趋光心理

在一些公共场所内发生的非常事故（如火灾）中观察到，紧急情况时人们往往会盲目跟从人群中几个领头急速跑动的人的去向，不管其去向是否是安全疏散口。当火警或烟雾开始弥漫时，人们无心注视标志及文字的内容，甚至对此缺乏信赖，往往是更为直觉地跟着领头的几个人跑动，以致成为整个人群的流向。上述情况即属从众心理。同时，人们在室内空间中流动时，具有从暗处往较明亮处流动的趋向，紧急情况时语言引导会优于文字的引导。

上述心理和行为现象提示设计者在创造公共场所室内环境时，首先应注意空间与照明等的导向，标志与文字的引导固然也很重要，但从紧急情况时的心理与行为来看，对空间、照明、音响等需予以高度重视。

针对火灾发生时人们的行为心理特征和逃生行为模式。提出了以下一般性对策。

① 保证应急通道的顺畅、明确，避免大量人群疏散时造成阻塞。例如，使防火门开口与走廊保持同宽，以避免造成逃生瓶颈；

② 注意空间的导视系统设计，如通过照明、标志、文字、声音的引导；

③ 加强走道的防烟排烟能力，增大能见度，避免不良向光行为；

④ 合理地安排防火分区，利用中庭空间的上部建立蓄烟区以减缓烟气下降。

2.5 空间形状的心理感受

由各个界面围合而成的室内空间，其形状特征常会使活动于其中的人们产生不同的心理感受。著名建筑师贝聿铭先生所设计的“华盛顿艺术馆新馆”（图3–2–7）采用了三角形斜向空间处理，他认为三角形、多灭点的斜向空间常给人以动态和富有变化的心理感受。

图3-2-7　华盛顿艺术馆新馆

第三节　人的行为与环境

行为的发生，必须具备一个特定的环境，包括自然环境、生物环境和社会环境。环境的刺激会引起人的生理和心理反应，而这种人体效应会以外在行为表现出来，我们称之为环境行为。环境行为是人类的自我需要，不同层次、不同种族、不同年龄、不同文化水平以及不同道德观念的人，对环境的需要是不一样的。这种需要既包含生理需要，也包含心理需要。这种需要随着时间和空间的改变而变化，并且永远不会停留在一个水平上。因此，人的需要是无限的，这种无限的需要也就推动了环境的改变、社会的发展和建筑活动的深入和继续。

环境、行为和需要施加给人的往往是一种综合作用，主要包含以下两个方面的内容。

① 行为是人自身动机或者需要做出的反应。人的行为是为实现一定的目标、满足一定的需求而产生的。其中对人的理解有不同的看法，有的学者认为是人性，有的学者认为是包含生理和心理的需求。

② 行为受客观环境的影响，是对外在环境刺激做出的反应。客观环境可以支持行为，也可以阻碍行为。此外，人的需要得到满足后，便构成了新的环境，这又将对人产生新的刺激作用。所以人的需要的满足是相对的、暂时的。环境、行为和需要的共同作用进一步推动环境的改变，推动活动的发展，如环境行为基本模式（图3-3-1）。

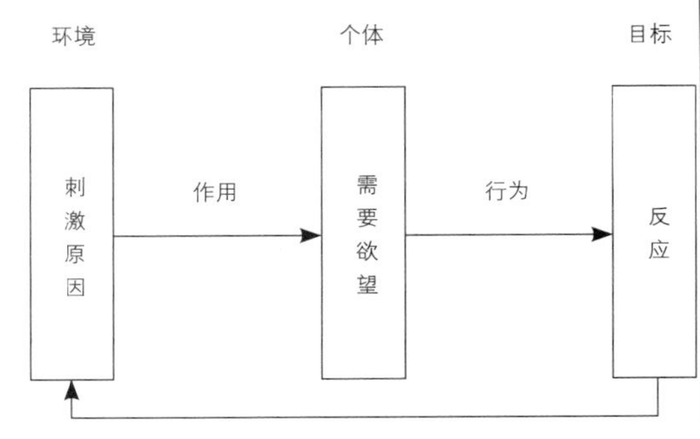

图3-3-1　环境行为基本模式

3.1 人的行为习性

环境的设计要考虑人的行为习惯，人类在长期生活和社会发展中逐步形成了许多适应环境的本能，即人的行为习性。

3.1.1 抄近路习性

抄近路指为了达到预定的目的地，人们总是趋向选择最短的路径，如图3-3-2所示。在园区的行走当中，人们往往会考虑到两点间直线最短的原则，追寻一条最捷径的道路。如果没有便于人们行走的道路，人们极有可能会从草地穿行而走出一条小路，正所谓：世上本没有路，走的人多了也就成了路。因此在设计的时候我们固然要追求一些艺术的美感，但是违反人们生活习惯的美丽往往不会长久。如图3-3-3所示，在园路设计中根据人抄近路的习性增加了园林汀步，一方面便于人们行走，另一方面保护了园林环境。所以当评价这些因不雅观行为所创造的一个又一个“杰作”时，应该重新审核这之中的对错。在设计中应充分考虑人抄近路的这一习性。

图3-3-2　园区抄近路行为

图3-3-3　园林汀步设计

3.1.2 左侧通行和左转弯习性

在没有汽车干扰及交通法则束缚的中心广场、道路、步行道，当人群密度较大（达到0.3人/m²以上）时发现行人会自然而然地靠左侧通行。这可能与右侧优势而保护左侧有关。这种习性对于展览厅展览陈列顺序有重要指导意义。虽然我国交通法中规定人应该靠右行驶，但是人们习惯靠左侧这一研究发现对于大的商场和展厅设计还是有很大参考价值的。

同左侧通行的行为习性一样，在行为习惯中人们也多表现出左转弯。从公共场所观察到的人的行为路线及描绘的轨迹来看，明显地看到左转弯的情况比右转弯的情况要多。在电影院，不论入口的位置在哪里，多数人会沿着观众厅的走道向左转弯的方向前进，所以我们常见的楼梯设计中一般采用左转弯（图3-3-4、图3-3-5）。

图3-3-4　左转弯通道

图3-3-5　左转弯楼梯

3.1.3 识途性

人们遇到危险（火灾等）时，常会寻找原路返回，即识途性。从大量的火灾事故现场发现，许多遇难者都会因找不到安全出口而倒在电梯口，因为他们都是从电梯口来的，遇到紧急情况就会沿原路返回，而此时电梯又会自动关闭。所以越在慌乱时，人越容易表现出识途性行为，因此设计室内安全出口应在入口附近（图3-3-6、图3-3-7）。

图3-3-6　火灾安全出口

图3-3-7　火灾安全出口

图3-3-8　集聚效应（1）

图3-3-9　集聚效应（2）

3.1.4 集聚效应

当人的空间人口密度分布不均时会出现人口集聚。所以常常有大的商场采用人体模特和售货员、人工造景、舞台展示等来加大商场的人口密度，即使停业关门的时候还是会因为这些模特而显得热闹（图3-3-8、图3-3-9）。

3.2 人的行为模式

人在环境中的行为是具有一定特性和规律的，将这些特性和规律进行总结和概括，使其模式化，便得到了人的行为模式。对行为模式的研究将会为建筑创作和室内设计及其评价提供重要的理论依据和方法。

3.2.1 从行为目的性划分

人的行为模式，按照其目的性，有再现模式、计划模式和预测模式。

（1）再现模式

再现模式就是通过观察分析，尽可能如实地描绘和再现人在空间里的行为。这种模式主要用于讨论、分析建成环境的意义和人在空间环境里的状态。比如，我们观察分析人在餐厅中的就餐行为，如实记录顾客的分布情况和行动轨迹，就可以看出餐厅里的餐桌布置、通道大小是否合理。观察分析顾客在商店里的购物行为，如实记录顾客的行动轨迹和停留时间以及分布情况，就可以看出柜台布置、商品陈列、顾客活动空间大小是否合理，从而进一步改变建成的环境。

（2）计划模式

计划模式就是根据确定计划的方向和条件，将人在空间环境里可能出现的行为状态表现出来。这种模式主要用于研究分析将建成的环境的可能性、合理性。我们从事的建筑设计和室内设计，主要就是这种模式。比如我们计划建一幢住宅，根据确定的居住对象、人数、生活方式、经济条件等，按照人的居住行为，将居住空间表现出来，这就是住宅设计。由此可以看出建成后的居住环境的合理性。

（3）预测模式

预测模式就是将预测实施的空间状态表现出来，分析人在该环境中的行为表现的可能性、合理性。这种行为模式主要用于分析空间环境利用的可行性。我们从事的可行性方案设计，主要就是这种模式。比如要建造一座展厅，我们就可以根据基地环境、展览要求、展出方式等，分析展厅设计有几种可能性，哪种更加符合人的观展行为，更加符合预测计划要求。

3.2.2 从行为内容划分

人的行为模式按照其行为内容，有秩序模式、流动模式、分布模式和状态模式。

（1）秩序模式

从室内设计的角度来看，对人的行为模式中秩序模式的研究，将给如何进行室内各功能空间的布置提供基础性理论依据，是室内空间布局合理性的重要决定因素。如炊事行为的空间分布（图3–3–10）。

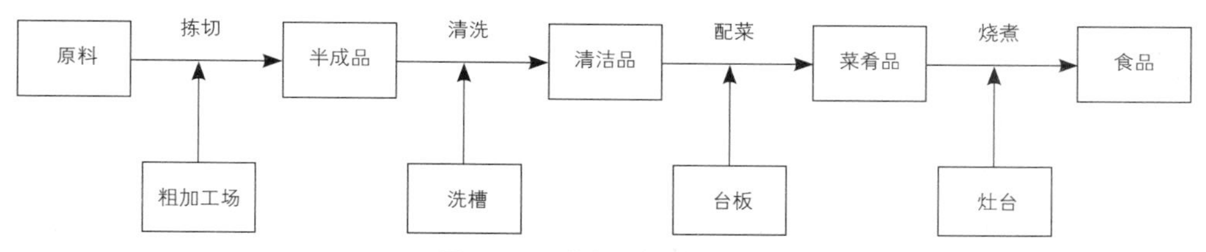

图3–3–10　炊事行为的空间分布

（2）流动模式

流动模式是将人的流动行为的空间轨迹模式化。这种轨迹不仅表示出人的空间状态的移动，而且反映了行为过程中的时间变化。这种模式主要用于对购物行为、观展行为、疏散避难行为，以及与其相关的人流量和经过途径等的研究（图3–3–11）。

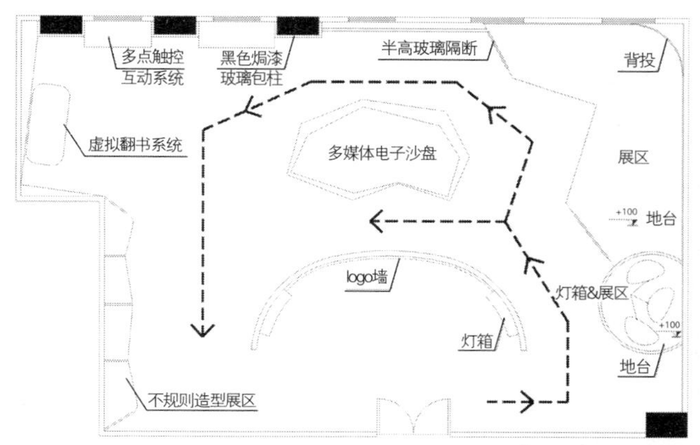

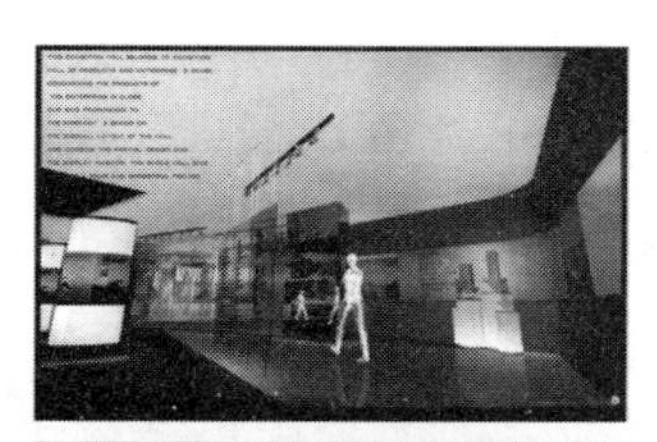

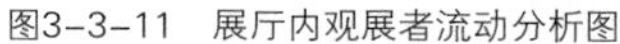

图3–3–11　展厅内观展者流动分析图

（3）分布模式

分布模式就是按时间顺序连续观察人在环境中的行为，并画出一个时间断面将人们所在的二维空间位置坐标进行模式化。这种模式主要用来研究人在某一时空中的行为密集度，进而科学地确定空间尺度。与前面两个行为模式不同，分布模式具有群体性，也就是说人在某一空间环境的分布状况不是由单一的个体，而是由群体形成的，因此对分布模式的观察、研究必须考虑到人际关系这一因素。对分布模式的观察研究可以为确定建筑及室内空间的尺度提供依据。在进行室内空间设计时，个体的行为要求是重要的考虑因素，但人际间的行为要求也是不容忽视的，这就需要充分了解人的行为模式中的分布模式，以此作为确定空间尺度、形状和布局的重要参考，尽可能地既按照个人的行为特征又考虑人群的分布特征来确定。

（4）状态模式

前面几种行为模式所记录的行为，都是客观的可以观察到的行为空间的移动或定位。但人的行为状态还会涉及人的生理和心理作用所引起的行为表现，同时又包含客观环境的作用所引起的行为表现。状态模式就是用于研究行为动机和状态变化的因素。在不同功能的室内空间中，人们都有一定的状态模式，且这种状态模式会因人的生理、心理及客观的不同而不同。室内设计师，应全面综合考虑某种室内空间中人的各种状态模式，有的放矢地进行设计。

现代室内设计越来越重视考虑人的要求，而人的行为就是为实现一定的目标、满足不同的需要服务的。虽然室内环境设计是室内各种因素的综合设计，但人的行为是一个重要的考虑因素，它体现了“以人为本”的基本观点。对人的行为模式研究可以看出，人在各类型空间中的活动都有一定的规律，并且这些规律制约影响着室内设计的诸多内容，如空间的布局、空间的尺度、空间的形态及空间氛围的营造等。室内设计师应该全面综合地了解这些行为规律并运用到相关内容的设计中去，以期创造出合理的满足人们物质与精神两方面需求的室内空间环境。

3.2.3 行为与空间分布

由于个人行为特性、人际关系和环境场所的差异，人在空间里的分布各不相同。通过观察可以看到，在广场上、公园里、儿童游戏场上、舞会上或交易场所中，人们经常是三五成群地聚集在一起，构成大小不等的“聚集图形”；在休闲地、步行道上及多数的室内空间，人群是随意分布的，也就构成了不规则的“随意图形”；在礼堂、剧场、教室里以及候车室等场所中，人群分布又是非常有规律的，从而构成了“秩序图形”。

表3-3-1　人在空间里的分布图

分类	图形	行为场所
聚集图形		广场、公园、游戏场、舞厅、交易场等
随意图形		休闲地、步行道、居室、商场等
秩序图形		礼堂、剧场、教室、候车室等

从表3-3-1图形中可以分析出，在人群呈“秩序图形”的场所，人际关系是等距离的，受场所环境的严格控制，此时，人的行为是有规律的，人的心理状态是较紧张的。而在休闲室、居室、商场里，人际关系呈公共状态，各自自由，场所环境对个人之间几乎没有约束，因而，个人的心理状态也比较宽松。在广场、公园等地，由于人们之间亲密程度不同，人际距离则大小不等，关系密切者则聚集在一起，各组团之间又呈现出比较大的公共空间距离。

因此，在室内设计时，不仅要考虑个人的行为要求，还要照顾到人际间的行为要求、空间状态和布局、家具、设备等布置，尽可能地按照个人的行为特征和人群分布特性进行。

3.3 行为与室内空间设计概念

室内环境设计是室内各个因素的综合设计，人的行为只是其中一个主要因素，行为对室内空间设计的影响主要表现在以下几个方面。

3.3.1 确定行为空间尺寸

根据室内的行为表现，室内空间可以分为大空间、中空间、小空间及局部空间等不同行为空间尺度。

（1）大空间

大空间主要指公共行为的空间，如大体育馆、观众厅、大礼堂、大餐厅、大型商场、营业大厅、大型舞厅等属于大空间，其特点是要特别处理好人际行为的空间关系。在这个空间里，基本是等距离的个人空间，开放性的空间感，空间尺度较大。

（2）中空间

中空间主要指事务行为的空间，如办公室、研究室、教室、实验室等属于中空间。这类空间的特点，既不是单一的个人空间，又不是相互没有联系的公共空间，而是少数人由于某种事务上的关联而聚集在一起的行为空间。这类空间既有开放性，又有私密性。确定这类空间的尺度，首先要满足个人空间的行为要求，再满足与其相关的公共事务行为的要求。

（3）小空间

小空间一般指具有较强个人行为的空间，如卧室、客房、经理室、档案室、资料库等属于小空间，这类空间的最大特点就是具有较强的私密性。这类空间的尺度一般不大，主要是满足个人的行为活动要求。

（4）局部空间

局部空间主要指人体功能尺寸空间。空间尺度的大小取决于人的活动范围，如人在立、坐、卧、跪时的空间大小，主要是满足人的静态空间要求；如人在室内行走、跑、跳、爬等运动时的空间大小，主要是满足人的动态空间要求。

3.3.2 确定行为空间分布

根据人在室内环境中的行为状态，行为空间分布表现为有规则和无规则两种情况。

（1）有规则的行为空间

这种空间分布主要表现为前后、左右、上下及指向性的分布状态，这类空间多数为公共空间（图3-3-12）。

① 前后状态的行为空间。

演讲厅、观众厅、普通教室等具有公共行为的室内空间等，属前后状态的行为空间。在这类空间中，人群基本分布为前后两个部分。每一个部分有自己的行为特点，并且互相影响。室内空间设计时首先根据周围环境和各自的行为特点，将室内空间分为两个形状、大小不同的空间，两个空间的距离则根据两种行为的相关程度和行为表现及知觉要求来确定。各部分的人群分布又根据行为要求，特别是人际距离来考虑。

② 左右状态的行为空间。

展厅、商品陈列厅、画廊、室内步行街等都是具有公共行为的室内空间等，属左右状态的行为空间。

图3-3-12 有规则的行为空间

图3-3-13 无规则的行为空间

在这类空间中，人群分布呈水平展开，并多数呈左右分布状态。这类空间分布具有连续性，所以对这类空间设计时，首先要考虑人的行为流程，确定行为空间秩序，然后再确定空间距离和形态。

③ 上下状态的行为空间。

电梯、楼梯、中庭、下沉式广场等都是具有上下交往空间行为的室内空间等，属上下状态的行为空间。在这类空间里，人的行为表现为聚合状态，所以对这类空间设计时，关键是要解决疏散问题和安全问题，按照消防分区方法来分割空间。

④ 指向性状态的行为空间。

走廊、通道、门厅灯是具有显著方向感的室内空间等，属指向性状态的行为空间。人在这类空间中的行为状态的指向性很强，所以对这类室内空间设计时，特别要注意人的行为习性、空间方向的明确，并要具有导向性。

（2）无规则的行为空间

无规则的行为空间，多数为个人行为较强的室内空间，如居室、办公室等。人在这类空间中的分布图形多数为随意图形，故对这类空间设计时要注意灵活性、这样才能符合人的多种行为要求（图3-3-13）。

3.3.3 确定行为空间形态

人在室内空间中的行为表现具有很大的灵活性，即使是行为很有秩序的室内空间，其行为表现也有较大的动机性和灵活性。行为和空间形态的关系，也就是常说的内容与形式的关系。实践证明，一种内容有多种形式，一种形式有多种内容。也就是说室内空间形态也是多样的，如方形教室、长方形教室、马蹄形教室均能上课；相反，方形教室既可以上课也可以开会，还可以跳舞。

常见的室内空间形态的基本平面图形有圆形、方形、三角形以及变异图形如长方形、椭圆形、钟形、马蹄形、梯形、L形等。

选择哪种形态要根据人在室内空间中的行为表现、活动范围、分布状况、知觉要求、环境可能性以及物质技术条件等诸多因素来综合研究确定。

3.3.4 行为空间组合

在行为空间的尺度、分布、形态基本确定后，还需要根据行为和知觉要求对空间进行组合和调整。对于单一的室内空间，如卧室、书房、办公室等，主要是根据人体工程学原理调整内部空间布局，使之更好地适应人的需要。对于复杂的空间，如展览馆、商场、剧场、图书馆、俱乐部等，首先要按照人的行为进行室内空间组合，然后再逐个进行单一空间设计。

第四节 视觉与环境

本节讲述的主要是视觉与视觉环境的交互作用，因此这里的“视觉”是指各种环境因子对视感官的刺激作用所表现的视知觉效应。不同环境因子的不同刺激量和不同的刺激时间及空间，不同人的不同刺激反应所显示的视觉特性均有差异。人体工程学对视觉要素的计算测量为室内视觉环境设计提供了科学依据。即对室内光照设计、室内色彩设计、视觉最佳区域等提供了科学依据。

4.1 光环境与视觉

4.1.1 人与光线

（1）光线的作用

太阳光线不仅具有生物学及化学作用，同时对于人类生活和健康也具有重要的意义。光能照亮一切物体，有了光线，人们才能看清世界。直射的阳光对人们居住的房间有杀菌作用。利用阳光也可以治疗某些疾病。阳光中的红外线还具有大量的热辐射，在冬天可以借此提高室温。光线可以改变周围环境，利用光线可以创造出丰富的艺术效果（图3-4-1）。

图3-4-1　光线创造出丰富的艺术效果

（2）光与健康

光线也有许多不利的地方。长期在阳光下工作容易疲劳，过多的紫外线照射，容易使皮肤发生病变；过多的阳光直射在夏天会使室内产生过热现象，会使工作面产生炫目反应，甚至伤害视力。因此要合理利用阳光，科学地进行采光和照明设计，以保证人体健康，创造舒适的室内环境。

4.1.2 室内光环境

（1）天然采光

通过不同形式的窗户以及建筑构件利用天然光线，使室内形成一个合理舒适的光环境（表3-4-1）。利用直射阳光照亮室内环境、制造室内氛围，就要保证建筑之间合理的距离。窗户大小、玻璃颜色、反射和折射镜等不同构件的组合可以产生丰富多彩的室内光环境。各种洞口、柱廊、隔断、矮墙以及建筑构件，同窗户一样，也可以使天然光在室内产生很多形式各样、丰富多彩的视觉形象（图3-4-2）。

表3-4-1　不同的窗形在室内的作用

窗形形状	人的感受
水平窗	使人舒展、开阔
垂直窗	条屏挂幅式构图景观、营造大面积的实墙
落地窗	与室内环境紧密相连
高窗台	减少眩光，取得良好的安定感和私密性
天窗	置身大自然的感觉
漏窗、花格窗	由于光影的交织，虚实对比，使光线投射到墙上，产生变化多端、生动活泼的景色

大多数室内环境都是利用光的透明性，使天然光透过玻璃照亮室内空间，因此玻璃就成了滤光器。人们利用各种玻璃的特性，在室内造成不同感受的采光效果。无色透明玻璃给人以真实感（图3-4-3）；磨砂玻璃使人产生朦胧感；玻璃砖给人以安定感；彩色玻璃让人产生变化神秘感（图3-4-4）。各种折射、反射给人带来丰富多彩的感觉。

（2）人工照明

人工照明就是利用各种人造光线，通过灯具造型和布置设计，形成合理的人工光环境。人工照明不是局限于满

图3-4-2 光之教堂——丰富多彩的视觉形象

图3-4-3 无色透明玻璃

图3-4-4 彩色玻璃

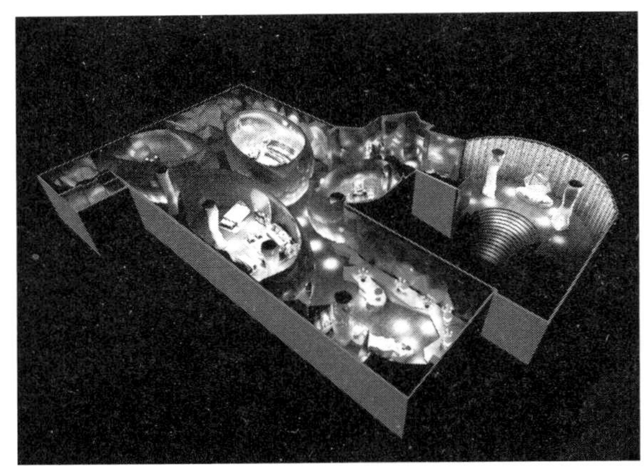

图3-4-5 商业展示空间中的人工照明

图3-4-6 居住空间中的人工照明

足人对光的需求，而是要向环境照明、艺术照明发展，用来满足人们对光的不同心理需要。它在商业（图3-4-5）、居住（图3-4-6）以及大型公共建筑室内环境中，已经成为不可缺少的环境设计要素。

4.1.3 室内光质量

光质量包括日照、采光和人工照明三方面的质量问题。

（1）日照

日照具有很强的杀菌作用，它是人体健康和人类生活的重要条件，如果长期不见阳光，尤其是幼儿，会对于身体以及情绪产生很大影响。很多国家都将日照列为住宅设计的条件，但过多的日照对健康不利，也会使人烦恼。那么，如何确保正确的日照，就涉及以下几个方面。

① 建筑物的日照时间、方位及距离。建筑物的日照由于建筑物的性质不同所以有长有短。但是我国规定，对于住宅必须保证在冬至有1个小时的满窗口的有效日照。为此，也确定了建筑物的朝向最好是向南或者适当地偏东偏西，建筑物的间距与高度的比值在1:1.1以上，以保证室内有良好的日照。当然各地区的纬度和经度不同，对日照的规定也不一样。

② 紫外线的有效辐射范围。对于幼儿园、托儿所、疗养院之类的建筑物，不仅要有良好的日照，还要有一定的紫外线辐射，以保证室内环境监控。应选择好建筑物的地点和确定室内采光口的位置和大小。有条件时，可设阳光室，获得紫外线照射。

③ 绿化的合理配置。在夏天为了减少阳光对室内热辐射的影响，应在室外种植树木。种植时，尽可能在辐射强的一方，如西侧，但不能影响正常采光。

④ 建筑物阴影。建筑物的阴影，对于视觉而言，可以增强室内和室外的建筑物形象视觉。就人的健康而言，阴影可以减少夏季的热辐射，但又不会影响正常日照和紫外线辐射，为了满足多方面的要求，经常采用的方法是设置移

动的窗帘或者活动遮阳板。

⑤ 室内日照面积。室内日照面积主要是通过向阳面采光获得的，最有效的采光口是天窗，其次是侧窗，天窗的有效面积是阳光射到地板上的面积，对侧墙的阳光与日照则意义不大。

（2）天然采光

室内的天然采光，无论对提高工作效率，或是改善人体的生理机能和心理机能都有相当重要的作用。室内采光的质量，除了要有充足的光线外，还必须考虑光线是否均匀、稳定，光线的方向是否会产生阴暗和眩光等现象。

采光的质量主要取决于采光口的大小和形状、采光口离地高低、采光口的分布和距离。在确定采光系统时，对有特殊要求的室内环境，需进行一些特殊处理，防止眩光对视觉造成不利影响。处理的办法有两种：一是提高背景的相对平衡亮度；二是提高窗口高度，使窗下的墙体对眼睛产生一种保护角（图3-4-7）。

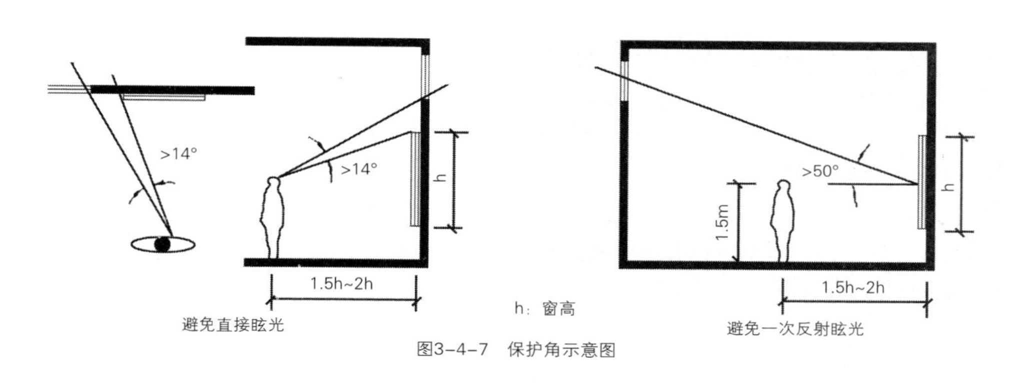

图3-4-7　保护角示意图

（3）人工照明

人工照明是室内光环境的重要组成部分，是保证人们看得清，看得快，看得舒适的必要条件，是渲染室内环境的重要手段。在现代室内设计中，艺术照明越来越重要了。

人工照明有三种方法：均匀的、局部的和重点的照明。

① 均匀式照明。

均匀式照明或称环境照明，是以一种均匀的方式去照亮空间。这种照亮的分散性可有效地降低工作面上的照明与室内环境表面照明之间的对比度。均匀照明还可以用来减弱阴影，使墙的转角变得更加柔和与舒展。多数室内都采用这类照明形式，其特点是灯具悬挂较高。

② 局部照明。

局部照明或称工作照明，是为满足某种视力要求而照亮空间的一块特定区域的照明方式。其特点是光源安放在工作面附近，效果较高。通常都是用直射式的发光体，在亮度上和方位上都是可调节的。

③ 重点照明。

重点照明是局部照明的一种形式，它产生各种聚焦点以及明与暗节奏的图形。它可以缓解普通照明的单调性，突出房间特色或强调某个艺术品。

人工照明质量是指光照技术方面有无眩目现象，照度在室内空间的均匀性，光谱成分对识别物体颜色真实性的影响，以及避免光线方向不当产生的阴影问题。良好的光照质量，应该保证被照面有足够的亮度，并且均匀稳定，被照面上没有强烈的阴影，并与室内亮度没有显著的区别，没有眩光产生。某些特殊要求的室内，还要满足一定的日照时间和日照面积，以保障健康。

4.2 色彩环境与视觉

4.2.1 色彩与知觉心理效应

由于感情效果和对客观事物的联想，色彩对视觉的刺激产生了一系列的色彩知觉心理效应。这种效应随着具体的时间、地点、条件（比如外在形象、自然条件、个人爱好、生活习惯、形状大小及环境位置等）的不同而有所不同。

（1）温度感

不同的色彩会产生不同的温度感。如看到红色和黄色联系到太阳与火焰而温暖，看到青色和青绿色容易联想到海水、绿荫而感觉寒冷，所以我们称红、橙、黄等有温暖成分的色彩为暖色系，青、蓝、紫等有寒冷感觉的色彩为冷色系。但是，色彩的冷暖有时又是相对的，而不是孤立的，如紫与橙并列时，紫就倾向于冷色，青与紫并列时，紫又倾向于暖色；绿、紫在明度高时近于冷色，而黄绿、紫红在明度、彩度高时近于暖色等。室内设计利用色彩的温度感来渲染环境气氛会收到很好的效果。

（2）距离感

色彩的距离感，以色相和明度的影响最大。一般明度高的暖色系色彩感觉凸出、扩大，成为凸出色或近感色；低明度冷色系的色彩感觉后退、缩小，称为后退色或远感色。如白色和黄色的明度最高，凸出感也最强；青和紫的明度最低，后退感最显著。但色彩的距离也是相对的，并且与背景色有关，如绿色在较暗处也有凸出的倾向。在室内设计中，常利用色彩的距离感来调整室内空间尺度、距离等感觉，可以获得意想不到的效果。

（3）重量感

色彩的重量感以明度影响最大，一般是暗色感觉重而明色感觉轻，同时颜色彩度强的暖色感觉重，色彩弱的冷色感觉轻。在室内设计中，为了达到安定、稳重的效果，宜采用重感色，如将设备的基座以及各种装饰台座涂上重颜色；为达到灵活、轻快的效果，宜采用轻感色，如悬挂在顶棚上的灯具、风扇、车间上部的吊车都涂上轻颜色。通常室内的色彩处理多是从上而下、由轻到重的。

（4）疲劳感

色彩的彩度越强，对人的刺激越大，就愈易使人疲劳。一般，暖色系的色彩比冷色系的色彩疲劳感强，绿色则不显著。许多色相交在一起，明度差或彩度差较大时，容易感到疲劳，所以在室内色彩设计中，色相数不宜过多，彩度不宜过高。

（5）注目感

注目感即色彩的诱目性，就是在无意观看的情况下，容易引起注意的色彩性质。具有诱目性的色彩，从远处能明显地识别出来，建筑色彩的诱目性主要受其色相的影响。

光色的诱目性的顺序是红>青>绿>白；物体色的诱目性顺序是红>橙及黄。如殿堂、牌楼等的红色柱子，走廊及楼梯间铺设的红色地毯就特别注目。

建筑色彩的诱目性还取决于它本身与背景色的关系。如在黑色或中灰色的背景下，诱目性的顺序是黄>橙>红>绿>青，在白色背景下诱目性的顺序是青>绿>红>橙>黄。各种安全及指向性的标志，其色彩设计均应考虑诱目性特点。

（6）空间感

色彩的色刺激，特别是色彩的对比作用，使感受者产生立体的空间知觉，如远近感、进退感，其原因有两方面：一是视觉色本身具有进退效应，即色彩的距离感，如一张纸上画红、橙、黄、绿、青、紫的六个实心圆，可以发现红、橙、黄有跳出来的感觉。二是空气对远近色彩刺激的影响，远处的色彩光波因受空气尘埃的干扰，有一部分光被吸收而未完全进入视感官，色彩的纯度和知觉度受到影响，使视觉获得的色彩相对减弱，从而形成色彩的空间感，如远处的树偏蓝，近处的树偏绿。实验还表明，室内空间环境不变的情况下，如改变空间色彩，会发现冷色系、高明度、地彩度的室内空间显得开放，反之显得封闭。

（7）尺度感

因受色彩冷暖感、距离感、色相、纯度、色彩和空气穿透力以及背景色的制约，产生色彩膨胀与收缩的色觉心理效应，即尺度感。通常暖色、兴奋色、高明度色易产生膨胀感。反之会使色觉产生收缩感。色彩从膨胀到收缩的顺序是：白>红>黄>灰>绿>青>紫>黑。在室内设计中，同样大小的物体，黑色显得最小。

形成或改变色彩膨胀感以平衡其色觉心理的主要方法是改变色彩宽度。如法国的国旗由白、红、蓝三色带组成，为了达到色彩宽度相等，其比例为白:红:蓝=30:33:37。

（8）混合感

将不同色彩交错均匀布置时，从远处看去，呈现两色的混合感觉。在建筑设计时，要考虑远近相宜的色彩组合，如黑白石子掺和呈现灰色，青砖勾红缝的清水墙呈现紫褐色。

（9）明暗感

色彩在照度高的地方，明度升高，彩度增强，在照度低的地方，则明度感觉随着色相不同而改变。一般绿、青绿以及青色系的色彩显得明亮，而红、橙及黄色系的色彩发暗。

室内配色的明度对于室内的照度及照度分布影响很大，所以可以应用色彩，主要是用明度来调节室内照度以及照度分布，由于照度不同，色彩也不同。如中国古建筑的配色，墙、柱、门窗多为红色，而檐下额枋、雀替、斗拱都是青绿色，晴天时明暗对比很强，青绿色使檐下不至于漆黑，阴天时青绿色有深远的效果，增强立体感。

（10）情感效果

色彩有使人兴奋或沉静的作用，称为色彩的情感效果。这是色相的影响，一般来说，红、黄、橙、紫、红为兴奋色，青、青绿、青紫为沉静色，黄绿、绿、紫为中性色。

当人看到某种色彩，常常联想到过去的经验和知识，这是由于性别、年龄、生理状态、环境、个人嗜好等因素不同而造成的，色相在联想中起主要作用，但明度和彩度的影响也很大。同一色相由于明度和彩度的高低或彩度的强弱会给人以不同的情感效果。

色彩的情感效果在室内设计中起重要的作用，它不仅可以美化生活、激发人的激情、促进健康，还可以治疗疾病。因此，色彩对人体的思维和心理都会产生很强烈的效应（表3-4-2）。这在住宅、教室、医院等室内设计中已经得到了广泛运用。

表3-4-2　色彩的心理效应

色彩	心理效应
红	积极、热烈、喜悦、危险
橙	活泼、爽朗、温和、浪漫、成熟、丰收
黄	健康、轻快、明朗、希望、明快、光明、注意
黄绿	安慰、休息、青春、鲜嫩
绿	安静、和平、新鲜、安全、年轻
蓝绿	深渊、平静、永远、凉爽、忧郁
蓝	沉静、冷静、冷漠、孤独、空旷
蓝紫	深奥、神秘、崇高、孤独
紫	庄严、不安、神秘、严肃、高贵
白	纯洁、朴素、纯粹、清爽、冷酷
灰	平凡、沉着、忧郁、中性
黑	黑暗、肃穆、严峻、不安、压迫

4.2.2 色彩设计概念

（1）色彩与环境气氛

色彩能改变环境气氛，因此，有经验的设计师都十分重视色彩对人的物理的、生理的和心理的作用，色彩能唤起人的联想和情感。灵活地运用色彩在设计中可创造富有性格、层次和美感的色彩环境。

环境气氛主要是利用色彩的知觉效应，如色彩的温暖感、重量感、尺度感和性格感等来调节和创造环境氛围的。如在缺少阳光或在阴暗的空间里采用暖色，可增添亲切温暖的感觉。在阳光充足的空间或炎热地区，则往往采用冷色，降低温度感。在旅馆门厅、大堂、电梯厅或其他一些逗留时间短暂的公共场所，适当使用高明度、高彩度的色彩，可以获得光彩夺目、热烈兴奋的氛围。在住宅居室、旅馆客房、医院病房、办公室等房间里，采用各种灰色可以获得安定柔和、宁静的气氛。在空间低矮的环境，常采用轻远感的色彩来减少空间的压抑感；相反，对于较高大的空间，则采用具有收缩感的色彩避免使人感到空旷。即使在同一空间里，色彩往往是从上到下、由明亮到暗重，以获得丰富的色彩层次，扩大视觉空间，加强空间的稳定感。

（2）空间色调

色彩设计的根本目的是创造适合人们需要的空间环境气氛，因而色彩要以环境不同而不同。

① 因人。不同民族、性别、年龄、文化、职业、爱好、气质的人对色彩环境也有不同的要求。即使是同一个人，因受到环境影响和自身情感的变化，对色彩的认识和爱好也会改变。因此，色彩配置不是一劳永逸的，空间环境变了，色彩随之而变。即使是同一空间，空间环境内的人对色彩认识的差异，也会有不同的要求，因此就出现了如何协调色彩配置的关系问题了。

② 因事。功能、环境性质不同，对色彩的要求当然也不同。生产用房要考虑生产性质特点，既要考虑生产工艺的要求，还要考虑工人在劳动中的心理需求，如何有利于生产安全、减轻工人疲劳、提高劳动效率等，色彩的影响很大，所以工业建筑的色彩是一个很重要的课题。生活建筑更是千差万别，各类建筑都有各自的要求，商场、餐厅、展厅、客房、卧室、起居室、厨房、卫生间、门厅、走廊，等等，都有各自的色彩标准和要求，配色也各不相同。

③ 因时。不同时代、不同季节、不同时间，对色彩的要求也是各不相同的。客观光环境的变化使空间色调产生变化，如人们希望温暖些，采用暖色调，而夏季又喜欢阴凉些，采用冷色调。不同时代又会出现所谓不同的"流行色"，特别是家具和陈设的色彩变化很大，也会影响到空间色彩环境。

④ 因地。因地也就是因为客观环境位置、空间大小、比例和形态、建筑朝向等要求，空间色环境也不一样。就是一栋房子，朝北或朝南的房间，其色彩要求也不一样，如空间大的房间，不希望色彩造成空旷感，空间小的房间不希望造成压抑感。另外，室内物品的多少，各个界面的材料等，均会影响室内色彩。

此外，各地的民俗、风情，甚至政策法规也会对色彩有影响或是限制，如在封建社会里，对金色、朱色均有一定的等级限制。

（3）配色

色彩设计就是在确定色彩基调即色调后，利用色彩的物理性能及其对生理和心理的影响进行配色，以充分发挥色彩的调节作用。

室内环境受墙面、顶棚与地面影响较大，其色彩可以作为色彩的环境基调。墙面通常是家具、设备及生产操作台的直接背景，因此，家具、设备和操作台的色彩会影响墙面，从而又产生色彩的协调和对比问题。这是室内色彩环境气氛创造的一个核心问题。

空间配色一般多采用同色调或同色调与类似色调调和，前者给人以亲切感，后者给人以融合感。在采用对比调和时，即色相、明度、彩度的变化统一，易给人以强烈的刺激感，但要掌握分寸。

为了突出重点部位，使人显而易见，就需要重点配色。此时的色彩在色相、明度和彩度方面应和背景有适当差别，使其起到装饰、注目、美化或警示的效果。

4.3 形态与视觉

对事物的直接认识是依靠人的感官而决定的。而知觉的领域是很复杂的，有些客观事物的特性，可以靠其物理量的变化而感知，如光的亮度是依赖于光的强度的变化而被知觉的，色彩则依赖于光的波长和频率的变化而被知觉的。而某些事物的特性，如空间、形状、时间和运动等，与物理量之间没有明显的关系。这些事物的特性，只依靠感官的活动加以解释是不够的。

如图3-4-8形状知觉的变换，图（a）的图形有时看起来和图（c）的图形一样，有时跟图（b）的一样，而此时视网膜的成像并没有变化，这就需要探讨形态是如何被认知的。

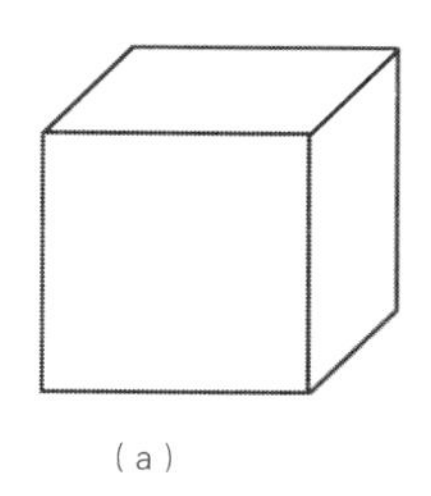
（a）

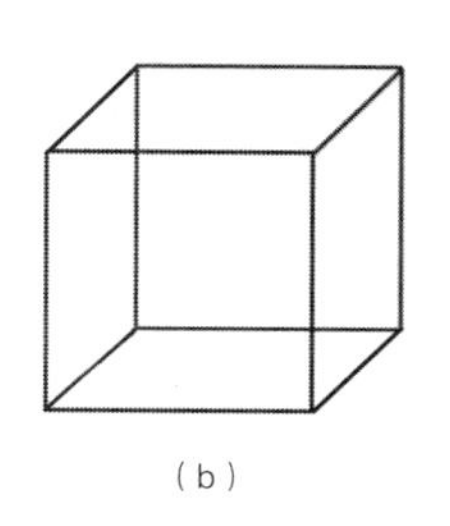
（b）

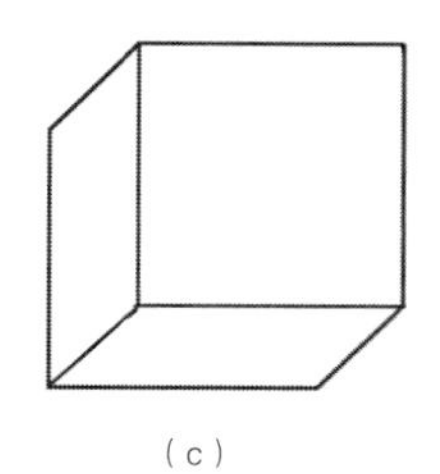
（c）

图3-4-8　形状知觉的变换

4.3.1 形态知觉

任何物体、任何环境所呈现的图像，简单的自然形也好，复杂的几何形也好，它是怎么样被人们认识的呢？关于这一问题，格式塔心理学派（Gestalt，德文，即形态、形状之意）对此做了大量研究，并积累了丰富的成果。

格式塔又叫完全形，是指伴随知觉活动所形成的主观认识。格式塔具有两个基本特征。

① 一个完全独立的新形体，其特征和性质都无法从原结构中找到。例如，立方体可以由简单的直线勾画而成，而在人的形态知觉上，观察立方体时并没有知觉它是几条线，而是立方体的知觉。

② “变调性”，即使大小和方向、位置变化后，作为图形（格式塔）同样存在或不变。例如，正方体不管组成边的直线长度和方向如何改变，只要平行都能感觉是正方体。

4.3.2 等质视野

未形成稳定图形的视野范围称为等质视野，也称为分化视野。也就是说视野范围内全是一片同样颜色和明度的视野。人们常说，眼前一片漆黑或一片灰白都是等质视野。人如果长时间处于等质视野环境中会出现不安感。一片漆黑的夜晚就接近等质视野，如果夜空中出现点动星光，等质视野就消失了，人就会有安定感。

4.3.3 图形与背景

图像只有在背景衬托下才能得以知觉。图形与背景的关系，即图与底的关系是相对的，对于有些情况，注视的对象不同，图与底的关系会逆转。根据心理学的特性，有以下几种建立图形的条件。

① 面积小的比面积大的容易产生图形。

② 同周围环境的亮度差别大的部分容易产生图形。

③ 亮的部分容易形成图形。

④ 含有暖色相的部分比冷色相部分更容易形成图形。

⑤ 向垂直或水平方向扩展的图形比向斜向扩展的部分容易形成图形。

⑥ 对称部分容易形成图形。

⑦ 具有等幅宽的部分比非等幅宽的部分更容易形成图形。

⑧ 与下边相连的部分比从上边垂下的部分更容易形成图形。

⑨ 运动的部分比静止的部分容易形成图形。

在建筑环境中，对于一栋建筑物来说，它的外部整体形状和窗户之间，在观看时，往往将窗户作为图形，而将建筑物整个立面视为背景来认识。在室内环境中，往往将顶棚、墙面、地面视为背景，而将室内家具和陈设的形态，甚至室内中的人的形象均作为图形来认识，这同物体陈列的前后位置有着密切的联系。正确运用图形与背景的关系，对室内外空间形态设计极为重要。除了上述在图形与背景的关系中稳定图形建立的一些条件外，以下一些形态聚合因素，也是图形建立的规律：渐变形（渐变因素）、相似形（类似因素）、对称形（对称因素）、封闭形（封闭因素）、位置接近的形态（接近因素）、同一朝向的形态（方向因素）。

4.4 质地与视觉

质地是指室内空间各个界面及家具、设备、陈设等表面材料的特性在视觉和触觉中的印象。

4.4.1 质地的知觉

质地是由于物体的三维结构产生的一种特殊品质。人们经常用质地来形容物体表面相对粗糙和平滑的程度，或用来形容物体表面材料的品质。如石材的粗糙或坚实、木材的纹理或轻重、纺织品编织的纹理或柔暖性等。材料质地的知觉是依靠人的视觉和触觉来实现的。

光作用于物体的表面，不仅反映出物体表面的色彩特性，而且同时反映出物体表面材料质地的特性。根据经验，物体表面的特点和性能在视知觉中产生了一个综合的印象，并反映出物体表面质地的品质，也反映出物体表面光和色的特性。

视觉对质地的反映有时是真实的，有时是不真实的。这主要受到视觉机能和环境因素的影响，通常视觉对于约13cm以外的物体很难准确地分清两个物体的距离和前后关系，当然，也很难分辨出物体表面材料的真假，何况许多材料的制作可以达到以假乱真的程度，就更难分清材料质地的真实性。

此外，物体表面的质地还可以通过触觉来感知。人的皮肤对物体表面的刺激作用十分敏锐，尤其是手指的知觉能力特别强。依靠手指皮肤中的各种感受器，可以知觉物体表面材料的性能、物体表面的质地、物体的形状和大小。

触觉对物体表现的知觉，结合视觉的综合作用及以往的经验，将获得的信息反映到大脑，从而感知物体表面的质地。通常触觉的反映是比较真实的。但由于材料制造技术的进步，有时也很难区分是天然的材料还是人工的材料。

4.4.2 质地的视觉特性

物体表面材料的物理力学性能、材料的肌理，在不同光线和背景作用下，产生了不同的质地视觉特性。

（1）重量感

由于经验和联想，材料的不同质地给视觉造成了轻重的感觉。看到石头或金属时，就会感到这是很重的物体，看到棉麻草类物品，就会感到这是轻的物体。

（2）温度感

由于色彩的影响和触感的经验，不同材料给视觉形成不同温度的感觉。如见到瓷砖就会产生冰凉的感觉，见到木材、毛纺织品就会产生温暖的感觉。

（3）空间感

在光线的作用下，物体表面和肌理不同，对光的反射、散射、吸收造成不同的视觉效果。表面粗糙的物体，如毛面石材或粉刷过的墙面容易形成光的散射，给人的感觉就比较接近。相反，表面光滑的物体，如玻璃、金属、瓷砖、磨光石材等，容易形成光的反射，甚至镜像现象，给人的感觉就比较远。因此，物体表面材料的肌理对光线的影响，极易造成室内视觉空间大小的感觉。

（4）尺度感

由于视觉的对比特性，物体表面和背景表面材料的肌理不同，会造成物体空间尺度有大小的视觉感。如光滑背景前的物体，如果其表面也很光滑，由于背景的影响，会显得更突出；如果物体表面很粗糙，与背景相比，会显得物体表面更细腻，在尺度上会有缩小的感觉。

（5）方向感

由于物体表面材料的纹理不同，会产生不同的指向性。如木材的肌理，其纹理有明显的方向性，不同方向布置会造成不同的方向感。水平布置会显得物体表面向水平方向延伸，垂直布置则向高度方向延伸。物体表面质地的方向特性，也会影响空间的视觉特性。如果材料纹理方向呈水平设置，室内空间会显得低，相反会显得高。不仅木材的纹理、石材的纹理，就是粉刷或面砖铺砌的方向，也会造成质地的方向感。

（6）力度感

物体表面材料的硬度对触觉会产生明显的感觉。如石材很坚硬，棉麻编织品很柔软，木材就显得硬度较适中。由于经验、触觉的这些特性，在视觉上也会造成同样的效果。室内墙面是“软包装”，就会感到室内空间很轻巧、很舒适，如采用植物织品或木材贴面。相反，室内墙面是采用面砖、花岗岩等，即“硬包装”，视觉上就会感到很坚实、很有力。

4.4.3 室内空间界面设计概念

室内空间界面设计，就是利用物体表面质地的视觉和触觉特性，根据材料的物理力学性能和材料表面的肌理特性，对空间各个界面进行选材、配材和纹理设计。

室内空间界面，主要包括围护空间的各个界面，如天花板、墙面和地面，以及柱子和其他构配件的表面，其次还包括室内家具、设备、陈设、隔断等物体的表面。

（1）立意

室内空间各个界面设计，必须服从室内环境总的构想，即立意，或称意境、基调。室内空间界面只是室内环境的一个重要因素，对室内环境氛围有很大影响。好的材料、贵重的材料，如果应用不当，也不一定会产生好的意境、好的视觉效果。按照设计概念，材料没有贵贱之分，只有利用好坏之别。一个有经验的室内设计师，应该根据室内环境的立意，因地制宜地选用材料，科学、合理地进行材料的配置，利用光色等其他视觉因素进行物体表面的纹理设计。

（2）室内空间界面质地设计

质地是材料的一种固有本性。空间界面设计时，应结合室内空间的性格和用途，根据室内环境总的意境来选用合适的材料，利用材料固有本性，结合光照和色彩设计，点缀、装修有关界面。

空间界面质地设计的基本原则，同色彩设计基本相同，即统一与变化、协调与对比。统一中求变化，或在变化中求统一，协调中有重点，对比中有呼应。

界面质地的表达是通过界面材料的选择、配置和细部处理来实现的。为了创造一个祥和、温馨的居室环境，除了采用暖色调、漫射光照以外，还要选择柔和、舒适的界面材料，如采用木地板或地毯，墙面和顶棚采用木材、墙布、亚光的油漆或粉刷，尽可能不用或少用光滑的石材或反光的金属。接近人体的家具、设备的表面应该是光滑或手感好的材料，如木材或植物编织品。

4.5 空间与视觉

建筑室内的空间结构和材料构成空间，通过采光和照明展示空间，利用色彩和装饰渲染空间，构成了多彩的视觉空间环境，满足了人们的生理和心理需求。

4.5.1 视觉界面

视觉界面是人看到的空间的范围，分为客观视觉界面和主观视觉界面。客观视觉界面是指物质空间的所有表面（如顶棚、墙面、地面、家具表面等）；而视觉空间界面是由客观视觉界面围合而成的虚的界面，它同样具有形状、大小和方向。那么主观界面是如何形成的呢?

如图3-4-9明暗对错视形的影响，黑色的客观图形围合成了中间白色的三角形（主观视觉界面）。但是当降低客观图形的明度，或改变客观图像距离之后，主观图形（主观视觉界面）就会消失。

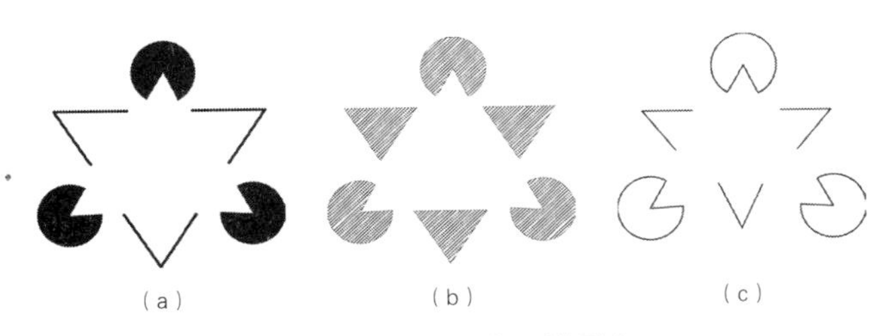

图3-4-9 明暗对错视形的影响

这也是构成室内空间的重要因素。比如在一面墙上开一个洞，甚至取消一面墙，由于其他客观界面的存在，这个洞呈现出一个圆形。它的边界只要在视野内，人们均会察觉到它的存在，这个图形就是主观视觉界面（图3-4-10）。如果这个洞装上玻璃或水幕，那么这个洞所形成的界面虽然是由玻璃或水组成的客观界面，但它却具有虚的视觉特征。因此透明的玻璃和水幕在室内设计中扮演着重要的角色（图3-4-11）。

图3-4-10 墙面打洞

图3-4-11 玻璃墙面设计

4.5.2 空间构成

空间分为相互关联、共同作用的三个部分，即行为空间、知觉空间和围合结构空间。

（1）行为空间

行为空间包含人及其活动范围所占有的空间，如人站、坐、跪、卧等各种姿势所占有的空间，人在生活和生产过程中占有的活动空间，如行走时要满足其通道的空间大小，打球时要满足球在运动中所占有的空间大小，看电影时要满足视线所占有的空间大小，劳动时则要满足工作场所所占有的空间大小。

（2）知觉空间

知觉空间即人及人群的生理和心理需要所占有的空间，如在教室里上课，要满足人活动的行为要求，一般有2.1m的空间高度就可以了。但我们不能将教室的净高设计成2.1m，否则人会感到很压抑，声音传递会困难，空气会不新鲜等。这样的高度不能满足人的视觉、听觉、嗅觉对上课的要求，就要扩大活动行为空间范围，如将教室净高改为4.2m，那么这2.1m以上的空间，称之为知觉空间，当然知觉空间的大小也受到行为空间的影响。

（3）结构围合空间

结构围合空间则包含构成室内外空间的实体，如院子是围墙等占有的空间，室内是楼地面、墙体、柱子等结构实体以及设备、家具、陈设等所占有的空间。这是构成行为和知觉空间的基础。

这样的空间分类，为室内外环境设计提供了科学的设计方法，也为环境质量评价提供了理论基础。这样，就可以根据空间组成各部分的特点，分别进行计算、比较和推理，从而较科学地确定各个空间的大小和形态。

4.5.3 空间视觉特征

根据图形的视觉特征，物质空间则具有大小、形状、方向、深度、质地、明暗、冷暖、稳定、立体感和旷奥度等视觉特性。

空间的这些特性主要是依靠人的感觉系统，尤其是视觉系统被人感知，它几乎能感知空间的所有特性，然而，人的听觉、肤觉、运动觉和嗅觉，对空间知觉也有一定的作用。依靠这些感官的分析器，能知觉空间的某些特性。如利用听觉和嗅觉也能辨别空间的大小，利用肤觉能知觉空间的质地，利用运动觉和平衡觉能知觉空间的方向。这些概念为残疾人的室内无障碍设计提供了理论依据。

（1）空间大小

空间的大小包括几何空间尺度的大小和视觉空间尺度的大小。前者不受环境因素的影响，几何尺寸大的空间显得大，相反则显得小。而视觉空间尺度，无论在室外还是室内，都是由比较而产生的视觉概念。

视觉空间大小包含两种观念。

一是围合空间界面实际距离的比较，距离大的空间大，距离小的空间小。实的界面多的空间显得“小”，虚的界面多的空间显得“大”。此外，还受其他环境因素，如光线、颜色、界面质地等因素影响。

二是人和空间的比较，尤其在室内，人多了，空间显得小；人少了，空间显得大。小孩活动的空间给大人使用，空间显得小；相反，大人活动的空间给小孩使用就显得大。

空间大小的确定，即空间尺度控制，是建筑设计和室内设计的关键。

室内空间尺度的大小取决于两个主要因素：一是行为空间尺度，如体育馆的室内空间大小主要取决于体育活动范围和观众占有的空间大小；二是知觉空间的大小，如视觉、听觉、嗅觉等对室内空间的要求。

多数情况下，为了节省投资，降低造价，室内空间设计都不是很大，尤其是室内净高往往较低。如何利用视觉特性，使室内空间小中见大，有许多做法可供参考。

① 以小比大。当室内空间较小时，可采用矮小的家具、设备和装饰构配件，造成视觉的对比，这是在住宅、办公室、旅馆、商场等室内设计中经常采用的方法。

② 以低衬高。当室内净高较小时，常采取局部吊顶，造成高低对比，以低衬高。

③ 划大为小。室内空间不大时，常将顶棚或墙面，甚至地面的铺砌，均采用小尺度的空间或界面的风格。造成视觉的小尺度感，与室内整个空间相比而显示其空间尺度较大。

④ 界面的延伸。当室内空间较小时，有时将顶棚（或楼板）与墙面交界处设计成圆弧形，将墙面延伸至顶棚，相对缩小了顶棚面积，使空间显得较高；或将相邻两墙的交界处（即墙角）设计成圆弧或设计成角窗，使空间显得大。

此外，还可以通过光线、色彩、界面质地的艺术处理，使室内空间显得宽敞。

（2）空间形状

任何一个空间都有一定的形状，它是由基本的几何图形（如立方体、球体、锤体等）的组合、变异而构成的。结合室内装修、灯光和色彩设计，形成室内空间丰富多彩的形状和艺术效果。常见的室内空间形态有：

① 结构空间。通过空间结构的艺术处理，显示科技的特殊效果。

② 封闭空间。采用见识的围护结构，很少的虚的界面，无论在视觉、听觉、肤觉等方面，均造成与外部空间隔离的状态，使空间具有很强的内向性、封闭性、私密性和神秘性。

③ 开敞空间。室内空间界面，尽可能采用通透的或开敞的、虚的界面，使室内空间与外部空间连贯、渗透，使空间具有很强的开放感。

④ 共享空间。共享空间是为了适应各种交往活动的需要，在同一大的空间内，组织各种公共活动。空间大小结合，小中有大、大中有小；室内、室外景色结合，各种活动穿插进行；山水、绿化结合，楼梯和自动扶梯或电梯结合，使空间充满动态。

⑤ 流动空间。流动空间就是通过各种楼电梯使人流在同一空间里流动，通过各种变化的灯光或色彩使人看到在同一空间里的变化，或是通过流动的人工“瀑布”、“选水”等使人看到在同一空间里景观的流动，共同形成室内空间状态的流动。

⑥ 迷幻空间。迷幻空间就是通过各种奇特的空间造型、界面处理和室内装饰，造成室内空间的神秘、新奇的艺术效果，使人对科技产生迷离的感觉。

⑦ 子母空间。子母空间设计大空间中的小空间，是对空间的二次限定，既满足使用要求又丰富了空间的层次。

（3）空间旷奥度

空间旷奥度即空间的开放性与封闭性。在室内空间的周围存在着外部空间，外部空间的周围存在着更广阔的地球空间，在地球空间的周围又存在着无限的宇宙空间，因此室内空间与室外空间是相对独立而又关联的两个空间。两者的区别就在于室内空间一般指有顶面的空间，而室外空间是指无顶面的空间。两者的联系就在于相互贯通的程度如何，即视觉空间的开放性与封闭性的问题，有的学者称之为“广阔感”或“封闭感”，本书称其为“旷奥度”。

① 旷奥度的意义。室内空间旷奥度，是指空间围合表面的洞口大小，多数情况下是指房间门窗、洞口的位置、大小和方向，这里包含侧窗、天窗和地面的洞口。

最初，人们是将窗户作为通风、采光来考虑的。随着建筑物向多层和高层发展、室内空间的扩大，开间和深度也随之加大，其设顶窗的可能性很小，侧窗的作用也在减小，于是就采用人工照明和空气调节来补偿，因此出现了“无窗厂房”、“大厅式”办公空间等。

实践证明，长期在这“封闭性”很强的空间里生活和工作，对人的生理和心理都是有害的，会出现所谓的“建筑病综合症”，有的称为“闭所恐怖症”。这里的人精神疲惫、体力下降、抗病能力降低。这说明，人是不能长期脱离室外环境的。相反，如果室内空间非常通透，几乎同室外环境“融为一体”，如“玻璃建筑”，这种建筑不仅在实际生活中有一定的困难，而且对某些房间来讲也没用必要，如卧室、办公室等，因其需要一定的私密性。而如果有很多的人群干扰，又会患上“广场恐怖症”。

如何掌握室内空间开放或封闭程度，这就是室内空间旷奥度问题。

② 旷奥度的视觉特性。室内空间旷奥度，不仅指室内和室外空间的关联程度，即门窗洞口的大小、位置和方向，它还包含室内空间的相对尺度，各个围合界面的相对距离和相对面积比例的大小。

室内空间是由不同虚实视觉界面围合而成的。如果这个空间是为人们所使用，那么这个空间不仅是三维的几何空间，而且是四维的视觉空间，这就反映在旷奥度的视觉特性方面。

A. 旷奥度随着虚实视觉界面数量的增减而发生变化。实的视觉界面（即物质材料构成的客观界面，如顶棚、墙面、地面等）的数量越多，则室内空间旷奥的程度越差（即封闭性越强）；相反，则旷奥的程度越强（即开放性越强）。

B. 长方体（或方向性强的形体）的室内空间旷奥度，其虚的界面（门窗洞口）设在短边方向（或形体指向性强的一面），或在墙角（两个墙面交界处，即转角窗，或在顶墙交界处设高窗），其室内空间开放性，要比虚的界面设在长边更强。这是形体指向诱导的结果。

C. 室内容积不变的情况下，减小顶面的面积，相对则增加墙的高度，室内空间则显得宽敞，即层高高时显得宽敞，反之则显得压抑。

D. 室内空间尺度不变的情况下，若改变顶棚的分格大小，旷奥度也随之变化，分格比不分格的室内空间显得高些。

E. 室内空间尺度不变时，如果在顶棚或地面挖一孔洞，形成上下空间的贯通，则室内显得宽敞。

F. 如果改变室内的家具、设备和陈设的数量或尺度，空间旷奥度也会发生变化。如果减少家具、设备和陈设的数量或缩小其尺度，室内则显得宽敞；反之，则显得压抑。

G. 室内空间尺度不变，空间旷奥度还随着室内光线的照度大小、色彩的冷暖、界面质地的粗糙或光洁、室内温度高低等的变化而变化。当室内光线照度高，色彩为冷色调，界面质地光洁，温度偏冷，此时，室内空间显得宽敞；反之，则显得压抑。

H. 空间旷奥度与空间相对尺度有关。当室内净高小于人在空间里的最大视野的垂直高度时，则空间显得压抑；当室内净宽小于最大视野的水平宽度时，则空间显得狭小，此时的视点应是室内最远的一点。

由此可见，室内空间旷奥度同围合室内空间的各个实的界面数量有关，同虚的界面的位置、大小和形状与室内家具、设备、陈设的数量有关，也同室内各界面的分格、比例、相对尺度以及室内光线和色彩有关。室内环境设计，正是利用室内空间旷奥度的特性，创造出丰富多彩的、宽敞的视觉环境。

第五节　听觉与环境

听觉是声波作用于听分析器所产生的感觉。听觉是仅次于视觉的重要感知途径。人类的语言及其他所有与声音有关的信息都是靠听觉获得的。引起听觉的适宜刺激是20～20000Hz之间的声波。即低于20Hz的次声和高于20000Hz的超声，人耳都不能听见（图3-5-1）。人最敏感的声波频率为1000～4000Hz。

人的听觉器官是耳，了解耳朵的构造及其生理机制，才能知道听觉刺激的特性，明白大的声音对听觉的干扰、噪声对人健康的危害以及如何利用听觉特性，以设计一个好的听觉环境。

一般认为，人耳的听觉过程为外界的声波通过外耳道传到鼓膜，引起鼓膜的振动，然后经杠杆系统的传递，引起耳蜗中淋巴液及基底膜的振动，使基底膜表面的科蒂氏器中的毛细胞产生兴奋。科蒂氏器和其中所含的毛细胞，是真正的声音感受装置，听神经纤维就分布在基底膜中，机械能形成的声波就在此处转变为听神经纤维上的神经冲动，并以神经冲动的不同频率和组合形式对声音信息进行编码，然后被传送到大脑皮层听觉中枢，从而产生听觉。

图3-5-1　声音频率三个主要部分的划分

5.1 声源

物体的振动产生了声音，所以任何一个发声体都可称为声源，声学工程所指的“声辐射体”主要有以下四种类型。

5.1.1 点声源或单声源

点声源产生于最简单的声场。如人的嘴、各种动物发声器官、扬声器、家用电器、汽车喇叭和排气口、施工机械、大型风扇等。这一类声源的线度要比辐射的声波波长小得多。

5.1.2 线声源

在实际生活中，火车、成行的摩托车、车间里成排的机器等所产生的声音就是线声源。这种声源是指沿轴线两端延伸至很远的声源。

5.1.3 面声源或声辐射面

一种真正可以称为巨大的平面辐射体的是波涛翻滚的大海。但在实际生活中，如室内运动场中成千上万观众的呼喊声、车间里机器声、剧场观众厅的反射墙面等所产生的也称为面声源。

5.1.4 立体辐射声源

在生活中，一群蜜蜂发出的声音，室内排列的立体方位的“声柱”等所形成的声源。

室内环境中，由人群、电器、送排风管、抽水马桶水箱、下水管、风扇、空调器等发出的声音，大多数情况下都视为立体辐射声源。

5.2 可听声和噪声

考虑到对人体素质活动的影响，声音可分为两大类：有用声或有意义的声音；干扰声或无意义的声音。所谓有意义的声音，就是指使听者按其智力和需要可以接受的一种声音，如正常讲话声、音乐声、鸟鸣声等。无意义的声音，指的是使听者能勉强听到，使人厌烦、痛苦的声音，广义上说，这种声音就是噪声。

5.2.1 可听声

声音是物体振动带动周围媒体（主要是空气）的波动，再由媒介传给耳朵而引起的感觉。这种声波的刺激作用对于耳朵的生理功能来说，不是都能感觉到或是能接受的。太弱的声波不能引起听觉，太强的声波耳朵受不了，容易引起耳损伤，严重的甚至造成耳聋，因此人耳能听到的声音有一个频率范围，即20～20000Hz，其声压级是从0～120dB。

小于20Hz的声波为次声，如一般钟表弹簧的摆动，它不容易引起人的听觉。从20000Hz一直延伸到“无穷大”的范围，这种声波称为超声。对于这个范围的声音，人们不能用听觉器官去直接感受它，但是同次声一样，我们可以用非常敏感的仪器来测量它。

在室内环境中，绝大多数声源发出来的声音均在可听声范围内，只有少数声源会产生次声，如电冰箱等。超声一般都来自于室外，它对室内环境的干扰程度，取决于建筑围护结构的隔声性能。

近代起源于美国的所谓背景音乐，是一种在政府机关、商店、候车室、饭馆甚至宿舍内播放的音乐，这种音乐是持续不断的，声音极轻，不引人注意，几乎不容易意识到。它的作用是把人包围在一个愉快和谐的气氛里，而不分散人的注意力，因此也适合于脑力作业。音乐可为工作创造一个愉快的气氛，唤起人的热情，对于单调重复的工作尤为有效。音乐对噪声大的厂房和脑力作业的有利作用不多。

5.2.2 噪声

（1）噪声的生理和心理作用

人是在正常噪声环境中，即在噪声中发育成长的，对环境噪声有一定的适应性。强噪声直接影响听觉。有些噪声虽不直接伤害听觉，却造成心理干扰，引起人的应急反应。如在安静环境中居住多年的居民，一旦搬到了一个新的吵闹的环境中，就会对各种嘈杂声感到难以忍受。相反，在城市环境中住久的人，一旦搬到市郊去住也会感到寂静。

过分寂静或突然寂静的环境会使人产生凄惨或紧张的感觉。如果一个人的生活环境极其寂静，时间长了会产生孤独、冷淡的心理状态，因而影响身心健康。如果日常生活中的声音突然中断，这种意外的寂静会使人特别紧张。当情况紧急的时候，暴风雨前的寂静，预示着大灾难已经压顶，此时会使人感到惊惧和害怕。因此，过分寂静，即环境噪声太低，也并不是一种好的现象。

在当代，对人们影响最大的是声级在较短时间（几分钟或几秒钟）内起伏的噪声，如飞机航行、机动车行驶、铁路交通、机动船行驶的噪声；建筑机械、车间机器、活动场所、孩子们呼喊和嬉笑所产生的噪声等。

（2）噪声对健康的影响

人能否逐渐适应于噪声目前仍无定论，实验的结果也互相矛盾，有人认为人有一定的噪声适应能力，有人认为没有，甚至认为受噪声影响的时间越长越敏感。可以说，从噪声问题日趋严重和噪声引起的讨厌心理来看，只能说人是无法适应噪声的，即使存在一定的适应能力，也远远小于噪声的有害作用。

体力恢复是身体健康的基本保证，夜间睡眠、工间休息和午休都有利于体力恢复。如果噪声对自律神经系统的刺激作用不限于工作时间，而且延续到休息和睡眠时间，则人在应激和恢复之间的平衡就被破坏，噪声就成了造成慢性劳损、作业效能下降以及各种慢性疾病的原因之一。

根据世界健康组织（WHO）的定义，健康是指生理和心理的健康。由此可见，不仅噪声影响听觉，干扰睡眠，使体力恢复不足，而且每日怀着对噪声讨厌的心理都是健康情况不正常的表现。在噪音环境中，会使个体知觉到的控制感减弱以及产生无助感。这些心理反应会更容易引发心理疾病。

（3）噪声对语言通讯的影响

噪声还可以干扰人们相互之间的语言交流。当噪声增大时，我们听到某种特定声音的能力便会逐渐下降。例如，在嘈杂的大厅内，想听懂别人的话就很困难。从许多声音中听清一种声音，取决于对该声音的听觉阈限。一个声音由于其他声音的干扰而使听觉发生困难，需要提高声音的强度才能产生听觉，这种现象称为声音的掩蔽效应。作业区的语言交流质量取决于说话的声音强度和背景噪声的强度，在安静的场所，很微弱的声音都能被听见，如耳语等。

若某职业需要频繁的语言交流，则在1m距离测量，讲话声音不得超过75dB。由此可见，为了保证语言交流的质量，背景噪声不得超过60dB。如果交流的语言比较难懂，则背景噪声不得超过50dB。表3-5-1列出了办公室内的噪声状况。表3-5-2所列为不同地方的噪声允许极限值。

表3-5-1 办公室内的噪声状况

办公室	Log/dB(A)
安静的小办公室及绘图室	40～45
安静的大办公室	46～52
嘈杂的大办公室	53～60

表3-5-2 不同地方的噪声允许极限值

不同的地方	允许极限/dB(A)
电台播音室、音乐厅	28
歌剧院（500座、不用扩音设备）	33
音乐室、教室、安静的办公室、大会议室	35
公寓、旅馆	38
家庭、电影院、医院、教室、图书馆	40
接待室、小会议室	43
有扩音设备的会议室	45
零售商店	47
工矿业办公室	48
秘书室	50
餐厅	55
打字室	63
人声嘈杂的办公室	65

（4）噪声的防护

进行噪声的防护，可以从噪声防护设计、声源控制、阻止噪声传播、个人防护等方面入手。

① 声源消声。在声源处进行消声处理是最直接有效的方法。消声器的使用和降低振动是两种常用的声源消声方法。

消声器是一种既能使气流通过又能有效地降低噪声的设备。通常可用消声器降低各种空气动力设备的进出口或沿管道传递的噪声。例如，在内燃机、通风机、鼓风机、压缩机、燃气轮机以及各种高压、高气流排放的噪声控制中广泛使用消声器。不同消声器的降噪原理不同。常用的消声技术有阻性消声、抗性消声、损耗型消声、扩散消声等。

选用噪声小、不共振的材料、合理设计传动装置等措施来使振动体降低噪声或者可以通过加固、加重产生噪声的振动体来降低噪声，如中心机械必须牢固地固定在水泥和铸铁的地基上。

② 声源隔声。封闭噪声源是一个有效的降低噪声的方法。选用合适的材料，如建筑的噪声源隔声罩和隔声间可使噪声降低20～30dB。一般隔声墙内壁应安装吸声材料，墙的自重要大，以保证隔声的效果。为了便于电源引线的安装和维修，可在隔声墙上开口；但一般而言，开口的面积不得超过整个隔声间面积的10%。各种建筑面的效果见表3-5-3。

表3-5-3 各种建筑面的隔声效果

材料种类	隔声作用/dB	说明
普通单门	21～29	听懂说话
普通双门	30～39	听懂大声说话
重型门	40～46	听到大声说话
单层玻璃窗	20～24	
双层玻璃窗	24～28	
双层玻璃、毛毡密封	30～34	
隔墙、6～12cm砖	37～42	
隔墙、25～38cm砖	50～55	

在采取了诸如声源消声、声源隔声等措施以后，还可在房间的墙和顶棚上安装吸音材料，减少声音反射和回声影响，进一步消除噪声；也可以安装隔音设施，如隔音墙、隔声罩、隔声幕和隔声屏等。在以下情况下应考虑安装吸声板：

安装吸声板后可使厂房内回声时间下降1/4，办公室回声时间下降1/3；

房间高度低于3m；

房间高度高于3m，但体积小于500m^3；

500m^{3}以上的办公室、财务室、银行和出纳室等。

目前在作业间和厂房内装吸声板的效果尚不清楚，测量也较为困难。在操作机器时，作业者离噪声源越近，越易受直接噪声传播的影响，噪声反射的作用越小，因此，吸声板的作用不明显。只有当作业者离噪声源有一定距离时，安装吸声板才会有一定的效果。不同材料的吸声系数见表3-5-4。

表3-5-4 不同材料表面的吸声系数

材料	频率/Hz			
	125	500	1000	4000
上釉的砖	0.01	0.01	0.01	0.02
不上釉的砖	0.08	0.03	0.01	0.07
粗糙表面的混凝土块	0.36	0.31	0.29	0.25
表面刷漆的混凝土块	0.1	0.06	0.07	0.08
铺地毯的室内地板	0.02	0.14	0.37	0.65
混凝土上面铺有毡、橡皮或软木	0.02	0.03	0.03	0.02
木地板	0.15	0.1	0.07	0.07
装在硬表面上的25mm厚的玻璃纤维表面	0.14	0.67	0.97	0.85
装在硬表面上的76mm厚的玻璃纤维表面	0.43	0.99	0.98	0.93
玻璃窗	0.35	0.18	0.12	0.04
抹在砖或瓦上的灰泥	0.01	0.02	0.03	0.05
抹在板条上的灰泥	0.14	0.06	0.04	0.03
胶合板	0.28	0.17	0.09	0.11
钢	0.02	0.02	0.02	0.02

5.2.3 防护设计

怎样才能有效地进行噪声防护设计呢？我们简单归纳为如下五点。

（1）墙壁粗糙点

墙壁过于光滑，室内就容易产生回声，从而增加噪声的音量。因此，选用壁纸等吸音效果较好的装饰材料，或利用文化石等装修材料制造粗糙的墙壁表面，便成为室内常用的降噪设计方法。同时还可以在墙壁、吊顶的设计中采用矿棉吸音板等隔音材料。

（2）布艺的运用

使用布艺来消除噪声也是较为常用且有效的办法。试验表明，悬垂与平铺的织物，其吸音作用和效果是一样的，如窗帘、地毯等，窗帘的隔音作用最为明显。另外是铺设地毯，其柔软的触感不但能产生舒适温馨的感觉，而且能消除脚步的声音，有利于人们休息。在卧室，为了保证宁静的休息环境，应选用质地厚实的窗帘帷幔织物以控制光线和外界噪声。

（3）地板柔软点

木质家具的纤维多孔性，能吸收噪声，购置家具时可适当考虑，装修中使用软木地板也是一种有效选择。

（4）墙面厚一点

临街一面要隔音。将临街一面的窗子改装成“隔音窗”，如双层窗户，可以有效隔音，选用中空玻璃，隔音效果也较好。另外，装修期间可以把临街一面的墙壁加一层纸面石膏板，墙面与石膏板之间用吸音棉填充，然后再在石膏板上粘贴墙纸或涂刷墙面涂料。

（5）光线柔和点

炫目的地板、天花板、墙壁会干扰人体中枢神经系统，让人心烦意乱，也使人对噪声格外敏感，所以室内装饰时，对各种灯具和装饰材料的选择要格外注意光线柔和。

第六节　肤觉与环境

皮肤是人体面积最大的结构之一，具有各式各样的机能和较高的再生能力。人的皮肤由表皮、真皮、皮下组织这三个主要的层和皮肤衍生物（汗腺、毛发、皮脂腺、指甲）所组成。皮肤对人体有防卫、散热、保温和呼吸的功能，皮肤内有丰富的神经末梢，它是人体最大的一个感觉器官，对人的情绪发展也有重要作用。

皮肤受到物理或化学刺激所产生的触觉、温度觉和痛觉等皮肤感觉的总称叫做肤觉。肤觉是指感知室内热环境的质量：空气的温度和湿度的大小分布及流动情况；感知室内空间、家具、设备等各个界面给人体的刺激程度；振动大小、冷暖程度、质感强度等；感知物体的形状和大小等。除视觉器官外，主要依靠人体的肤觉及触觉器官，即皮肤。

人们通常将触觉、温觉、冷觉和痛觉看作是几种基本的肤觉。19世纪80年代，M.布利克斯、H.H.唐纳尔森和A.戈尔德沙伊德尔分别发现，一定的皮肤点只对一定种类的刺激发生反应，并产生相应的感觉。例如，一些皮肤点只对机械刺激发生反应，并产生触觉，另一些皮肤点则对温刺激产生温觉，或者对冷刺激产生冷觉。M.von弗赖1894年发现，一些皮肤点受到刺激只产生痛觉。根据不同的皮肤点产生不同性质的感觉，同一皮肤点只产生同一性质的感觉而确定有触、温、冷、痛4种基本的肤觉。这些相应的皮肤点称为触点、温点、冷点和痛点。这几种感觉点在一定部位的皮肤上的数目是不同的，其中以痛点和触点较多，温点和冷点较少；并且同一种感觉点的数目在皮肤的不同部位也是不同的。

实验研究还发现，刺激强度的增大可以导致相应的皮肤感觉点数目的增加；局部麻醉可以使肤觉按照触觉、痛觉、温觉、冷觉的顺序消失，而恢复时的顺序则相反。这个结果支持了触、温、冷、痛为独立的肤觉的观点。但是区分触、温、冷、痛4种基本肤觉性质的观点也受到一些学者的批评，他们认为肤觉的种类很多，性质不同，不是这4种基本肤觉可以解释的。

此外，在家具及室内环境设计中，也考虑了肤觉特性的要求。如对椅面、床垫等材料的选择，均注意了“手感”的要求，使材料有一定的柔软性。对于经常接触人体的建筑构配件以及建筑细部处理，也经常要考虑肤觉的要求，如楼梯栏杆、扶手等材料的选择，护墙或护墙栏杆等材料的选择，墙壁转弯处、家具和台口的细部处理，都要满足肤觉的要求。

6.1 触觉

人的身体与承托面接触面积的大小是家具设计中经常会遇到的问题。人的动作与受力面大小的关系，常发生在各种拉手上，如果拉手设计得过窄，会使人使用起来很不舒服。如推拉门拉手的设计，一般拉手的长度取决于手掌的宽度，5%的女性和95%的男性手掌宽在71～97mm范围内，因此较适合的把手长度是100～125mm。过小的拉手，易使人手受力过大，产生痛觉感。

人体的皮肤与肢体的受力是有限度的，如食指受力约16kg、中指约21kg、小指约10kg。超过限度会造成疼痛的感觉，甚至造成肢体的损伤。问题的重要性还不仅仅在于此，因为受力的问题会间接影响到其他功能的实现，比如在建筑与家具的设计中，因为受到审美风格的影响，存在着大量的尖锐、纤细的造型设计，如栏杆、拉手。一旦出现意外情况，如结构的故障，很难说这些部件是否能够达到使用要求。

6.2 温觉和冷觉

皮肤和某些粘膜上的温度感受器，分为冷觉感受器和温觉感受器两种。它们将皮肤及外界环境的温度变化传递给体温调节中枢。人类在实际生活中，皮肤刺激温度的范围是-10° ～60° ，超过这个范围将不产生温度觉，而会引起痛觉。当皮肤温为30℃时产生冷觉，而当皮肤温为35℃左右时则产生温觉。腹腔内脏的温度感受器，可称为深部温度感受器，它能感受内脏温度的变化，然后传到体温调节中枢。

在人和环境的交互作用过程中，与环境设计相关的是供暖、送冷、通风的标准和质量，也就是创造适合人体需要的健康环境。

6.3 痛觉

痛觉是最普遍分布于全身的感觉，各种刺激都可以造成痛觉。凡是剧烈性的刺激，不论是冷、热接触或是压力等，触觉都能接受这些不同的物理和化学的刺激，而引起痛觉。

组织学的检查证明，各个组织的器官内，都有一些特殊的有利神经末梢，在一定刺激强度下，就会产生兴奋而出现痛觉。这种神经末梢在皮肤中分布的部位，就是所谓的痛点。每一平方厘米的皮肤表面约有1000个痛点，在整个皮肤表面上，其数目可达100万个。痛觉的中枢部分，位于大脑皮层。机体不同部位的痛觉敏感度不同：皮肤和外黏膜有高度痛觉敏感性；角膜的中央具有人体最痛的痛觉敏感性。痛觉具有很大的生物学意义，因为痛觉的产生，将导致机体产生一系列保护性反应来回避刺激物，动员人的机体进行防卫。

人和环境交互作用的过程中，环境的过强刺激会引起痛觉，如眼痛、耳痛、头痛等。

① 痛觉与室内界面的关系。要求室内配件和局部设计，凡是直接接触皮肤的部位保持光滑，无刺伤的危险，如扶手、台口、墙角、家具拉手和开关等。

② 痛觉与环境振动的关系。要避免振源的持久振动引起皮肤或内脏的持久钝痛，轻者使人麻木，重者会损伤人的器官。

③ 痛觉与环境噪声的关系。主要防止强噪声对人耳的刺痛和损伤，当噪声源不能控制时，则要做好个体防护。

④ 痛觉与局部过热的关系。要防止蒸汽等热源的烫伤。

6.4 质地环境

材料的运用与人们的生活直接相关。如一些公共建筑采用石材作为地面和墙面的材料，虽然感官的效果不错，但是有些石材会有放射性，经常超过允许的标准，对人体健康造成危害。光滑的地面会使人行走时提心吊胆，甚至滑倒跌伤。还应强调的一个问题是，防火安全的因素应成为装修材料设计时必须考虑的问题，对于容易引起火灾的或在火灾中可引起有毒物质产生的材料应该禁止使用。因此，质地、材料的选择是一项科学严谨的工作。

（1）选择体感好的材料

在冷天，我们的皮肤接触浴室里冰冷的物品时，身体觉得冷会产生一种畏缩的感觉。如冬天为了避免坐便器的坐垫太冷，往往设计时会增加坐垫套或采用其他的加热措施来提高温度。我们之所以会感到冷，或者感到温暖，是因为在人的皮肤上分布有称作冷点和热点的组织，它们对周围的温度敏感，使人产生了冷或热的感觉。

当地面温度为20℃时，如果是木地板，则脚掌温度下降接近1℃；如果是软木，则脚掌温度下降更少；如果是合成树脂或混凝土地面温度下降的就多。可见材料不同，温度下降的程度不同。因此，脚掌的瞬间下降温度如能在1℃以内则对人是适宜的。

皮肤的触觉也并不单纯由表面温度条件来决定，材料表面的凹凸也有影响。例如，在湿的浴室入口和卫生间内，地面上用粗糙的垫子（图3–6–1）。

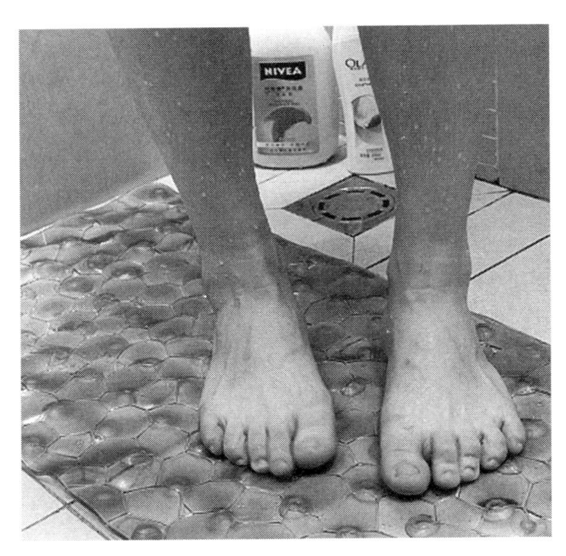

图3–6–1　地面上粗糙的垫子

（2）地板发滑会使人极度疲劳

塑料方砖、石材或像水磨石一类的人造石材都是容易打滑的材料，在行进中容易使人跌倒，非常危险。关于地板打滑的问题，更多考虑的还是对腿和脚引起的疲劳。正因为把注意力始终集中在防止摔倒上，腿的肌肉相当紧张，很容易引起疲劳。从侧面进行观察发现，为了保障脚掌同时着地，在这种情况下步距要比正常时小10cm。

（3）防止静电

静电带来危害，当它积累到一定数量时，就会放出火花。人体之所以有静电，与走路时鞋底和地板摩擦有很大关系，同时干燥的空气以及装修物的材料也是产生静电的重要原因。为了防止静电的现象发生，可以采用多种方法。

首先需要研究地面的装修材料。羊毛和尼龙地毯在空气干燥时产生的静电量大，而且容易放电。与此相反，聚丙烯材料、乙烯树脂等材料在这个问题上可以放心使用。需要注意的是，不论哪一种材料的地毯，在冬季使用时都需要注意。除此之外，防止产生静电的另一种方法是控制湿度。如果室内湿度高，就不易产生静电。例如，室内温度为20℃，湿度大于60%时，就不易产生静电。

第七节 人与环境之间关系的应用

运用环境心理学的原理，在室内设计中的应用面极广，以下为典型的几点。

7.1 室内环境设计应符合人们的行为模式和心理特征

室内环境设计应符合人们的行为模式和心理特征。例如，现代大型商场的室内设计，顾客的购物行为已从单一的购物，发展为购物—游览—休闲—信息—服务等行为。购物要求尽可能接近商品，亲手挑选比较，由此自选及开架布局的商场结合茶座、游乐、托儿等应运而生。

7.2 认知环境和心理行为模式对组织室内空间的提示

从环境中接受初始刺激的是感觉器官，评价环境或作出相应行为反应的判断是大脑，因此，“可以说对环境的认知是由感觉器官和大脑一起进行工作的”。认知环境结合上述心理行为模式的种种表现，设计者能够比通常单纯从使用功能、人体尺度等起始的设计依据，有了组织空间、确定其尺度范围和形状、选择其光照和色调等更为深刻的提示。

7.3 室内环境设计应考虑使用者的个性与环境的相互关系

环境心理学从总体上既肯定人们对外界环境的认知有相同或类似的反应，同时也十分重视作为使用者的个性对环境设计提出的要求，充分理解使用者的行为、个性，在塑造环境时予以充分尊重，但也可以适当地动用环境对人的行为的“引导”，对个性的影响，甚至一定程度意义上的“制约”，在设计中辩证地掌握合理的分寸。

思考与练习

1. 人与环境的交互作用体现在哪些方面?
2. 人际距离空间的分类有哪四种?
3. 人的行为模式从内容上分哪四类?
4. 声音频率三个主要部分的划分是什么?
5. 噪声对人都有哪些影响? 进行噪声防护可以从哪些方面入手?

第四章　人体工程学与家具设计

教学目的

本章通过对人体家具、建筑家具尺度要求的学习，结合百分位原理，使学生形成良好的尺度意识，并通过适当的练习加以巩固。对与家具有关的环境知识有一定的了解。使家具设计在适应生理、心理需求的探索中，符合尺度、材料、温湿等诸多要素。

章节重点

家具与空间尺度的设计尺寸的把握。

家具是设计给人使用的，主要是为了解决人的感觉器官的适应力，也就是说要满足舒适、便利、安全、美观、实用的综合功能。在设计的过程中我们把人的工作、学习、休息等动态行为分解成多组静态姿势，根据人的立位、坐位和卧位的静态姿势奠定基准点来规范家具的基本尺度及家具间的相互关系；注重家具的尺寸、颜色、形状和在空间内的布置方式，从而设计出舒适方便、造型美观、安全实用的家具。

家具是生产和生活中不可或缺的，是与人体接触次数最多和使用最久的工具。家具，既然是为人所使用的，在家具设计中就必须注重家具的尺度、造型、色彩及其布置方式，使其符合人体生理、心理尺度及人体各部分的活动规律，以便达到安全、实用、方便、舒适、美观的目的。

各种类型的家具都要满足基本的使用要求。家具按照与人体的密切程度可分为人体家具、依靠家具、贮藏家具。属于人体家具的如椅、床、沙发等，由于与人体的接触比较密切，要让人坐着舒适、睡得香甜、安全可靠、减少疲劳感；属于依靠家具的如书桌、工作台、写字台等，它们是人们工作活动依托的平台，使用方便、舒适、便捷是很重要的；属于贮藏家具的如柜、橱、架等，要有适合贮存各种衣服及物品的空间，并且便于人们存取。

为满足生活和审美的需求，设计家具时必须以人体工程学作为指导，使家具符合人体的基本尺寸、生理特征和从事各种活动需要的空间环境。以下按照家具与人体关系的类型，讨论工作面、座椅和床具的设计问题。

第一节　工作面设计

人在从事某些活动的时候，需要一定的台面来保证工作的正常进行，这时就需要一个合理的工作面，使人们在工作中保持一个相对舒适的状态。作业区设计主要依据人体尺寸的测量数据，而作业性质、生理和心理诸因素也会影响作业区的设计。

1.1 工作面的高度设计

工作面是指作业时手的活动面。工作面和地面的高度不等于桌面高度，它包含了工作物件本身的部分高度。因为工作物件本身是有高度的，就是说工作面高度不仅随着人的实际尺寸的不同而变化，而且也与人的工作性质有关。例如，打字机的键盘高度，一般为25～50mm。所以工作面的高度通常是指人的手在工作时相对于地面的高度。在决定工作面设计的诸多因素中，工作面的高度是决定人工作时的身体姿势的重要因素。不正确的工作面高度将影响着人的姿势，引起身体的歪曲，以致腰酸背痛。无论是坐着工作还是站立工作，都存在着一个最佳工作面高度的问题。工作面高度太低时，人的视力会受到影响，进而影响人的工作效果。为了改善视力，人也许不得不弯着身子或低着头，这又会产生腰疼或脖子疼。相反如果工作面高度太高了，人在工作中不得不抬高手臂，这又会使肩膀酸疼。因此，设计合理的工作面高度是十分必要的。如图4-1-1所示为身高与作业面高度关系。

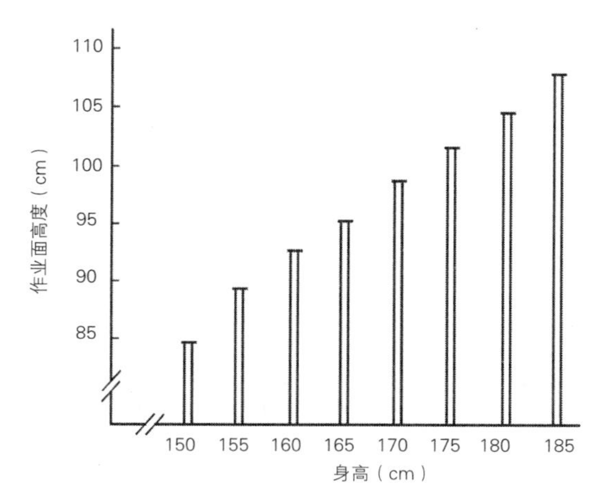

图4-1-1　身高与作业面高度关系

作业区设计主要依据人体尺寸的测量数据，而作业性质、生理和心理诸因素也会影响作业区的设计。

适合所有人的最优工作面高度是不存在的。不考虑具体的工作人员，一概采用固定的工作面高度，这不是一项好的设计。

由于个体之间的差异，我们无法确定一个数值，对工作面高度做一个准确的规定。因此，针对不同对象，我们的设计就应有所区别。这也正是人体工程学所一直强调的以人为本的原则。

工作面高度设计主要应考虑的因素如下。

1.1.1 肘部高度

很早就有人对工作面高度与肘部高度的关系进行研究，研究后指出，工作面高度应由人体肘部高度来确定。随后许多研究都证明了这一点。由于不同工作的人的肘部高度是不一样的，所以使用一个固定的数字来设计工作面高度显然是不合理的，应使前臂接近水平状态或略下斜。工作面在肘下25～76mm是合适的，并得到了研究证明。最佳的工作面高度是在人的肘下50mm。

1.1.2 能量消耗

有人对烫衣板高度与工作人员生理方面的关系作了实验研究。实验中使用了人的能量消耗(kW)、心跳次数、呼吸次数等指标。多数受实验者选择烫衣板距肘下150mm为宜。如果把烫衣板置于距肘下250mm，出现了受实验者呼吸情况稍有变化。还有人对不同高度的搁架作过实验研究。实验中使用了距地面以上100mm、300mm、500mm、700mm、1100mm、1300mm、1500mm和1700mm的不同搁架。实验结果表明，最佳的搁架高度是距地面1100mm。这个高度即为高出人体肘部150mm。受实验者使用这个高度的搁架能量消耗(kW)最小。其他一些人的类似实验都一致指出，当搁架高度低于肘部时，随着搁架高度的下降，人的能量消耗增加较快。这是由人体自身的重量造成的。例如，一个58kg体重的女工，搬运0.5kg的罐头到高于肘部的搁架上，她必须举起0.5kg的罐头，1kg重的前臂，1.5kg重的上臂。为了搬动0.5kg的罐头到低于肘部的搁架上，需要不同程度地移动身体，则能量消耗增加很快。

1.1.3 作业技能

作业面的高度影响人的作业技能这是显而易见的。一般认为，手在身前作业，肘部自然放下，手臂内收呈直角时，作业速度最快，即这个作业面高度最有利于技能作业。但另一项对食品包装作业的研究结果与以上观点稍有不同如图4-1-2。当手臂在身体两侧，外展角度为8～23度，前臂内收平放在工作台上时，作业效能最高，即作业速度

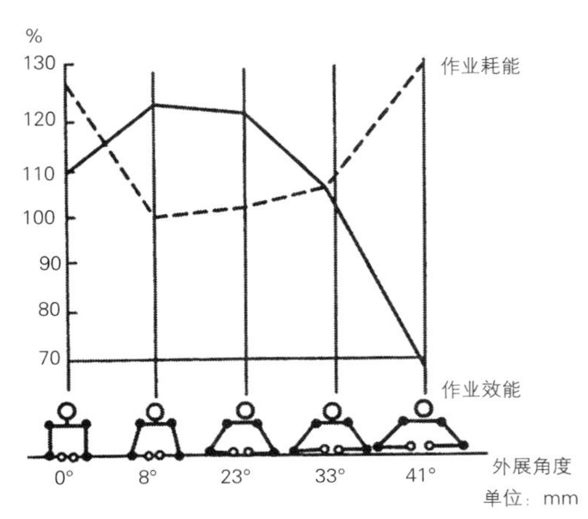

图4-1-2　上臂姿势对作业效能和作业能耗的影响

快，质量好，而且人体消耗的能量也随之减少。如果座椅太低，上臂外展角度达45度时，肩承受了身体的平衡重量，将导致肌肉疲劳，所以作业效能下降，人体能耗增加。

1.1.4 头的姿势

作业时，人的视觉注意的区域决定头的姿势。头的姿势要舒服，视线与水平线的夹角应在所规定的范围内。坐姿时，视线与水平线的夹角为32～44度。站姿时，视线与水平线的夹角为23～34度。

只要头部是垂直的或向前稍有倾斜，颈部不会感到疲劳。当头后仰15度角时，就会产生两个问题，影响人的视觉。一是灯源和窗外阳光的射入耀眼，二是颈部肌肉感到疲劳和酸痛。

对办公室的工作人员阅读和书写时所拍摄的1650张照片的统计结果显示，平均视角为头向下倾斜离垂直位置25度，阅读和书写几乎都是这个倾斜角。

总之，工作面高度主要由人体肘部高度来确定，对于特定的作业，其工作面高度取决于作业的性质、个人的喜好、座椅的高度、工作面的厚度、操作者大腿的厚度等。

1.2 基本作业姿势

工作面的高度是人工作时身体姿势的决定因素。工作面的高度设计按基本作业姿势可分为三类，分别是站立作业、坐姿作业、坐立交替式作业。

1.2.1 站立作业

站立工作时，工作面的高度决定了人的作业姿势。工作面过高，人不得不抬肩作业，可引起肩、背、颈部等部位疼痛性肌肉痉挛。工作面太低，迫使人弯腰弯背，引起腰痛。站立作业的最佳工作面高度为肘高以下5～10cm。

男性的平均肘高约为105cm，女性约为98cm。按人体尺寸考虑，男性的最佳作业面高度为95～100cm，女性的最佳作业面高度为88～93cm。

作业性质也可影响作业面高度的设计。如图4-1-3所示为三种不同工作面的推荐高度，图中零位线为肘高。

（1）精密作业

对于精密作业，作业面应上升到肘高以上5～10cm，以适应眼睛的观察距离。同时，给肘部关节一定的支撑，

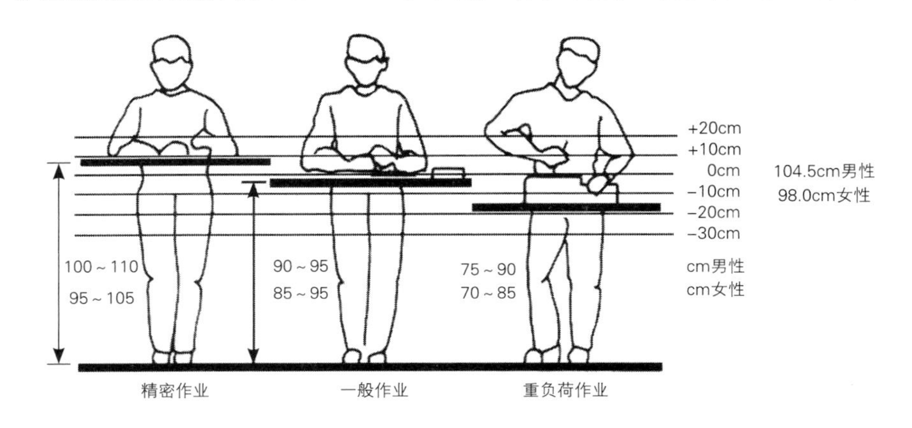

图4-1-3　作业面高度与工作性质的关系

以减轻背部肌肉的静态负荷。

（2）一般作业

对于台面要放置工具、材料等的工作台，台面高度应降到肘高以下10～15cm。

（3）重负荷作业

在进行立姿作业的工作台面高度设计时，还应考虑被加工件的大小和操作时用力的大小。被加工件越大，工作台面要越低；操作需要用力的工作台面也应低一些（图4-1-4），这样可以利用身体的重力做功，工作面应降到肘高以下15～40cm。若需要借助身体重量的高体力强度作业，作业面应降到肘高以下，例如，木工推台锯需要借助身体的重量，工作面可以低一些（图4-1-5）。

对于不同的作业性质，设计者必须具体分析其特点，以确定最佳工作面高度。

从适应性的角度而言，可调节高度的工作台是理想的人体工程学的设计。

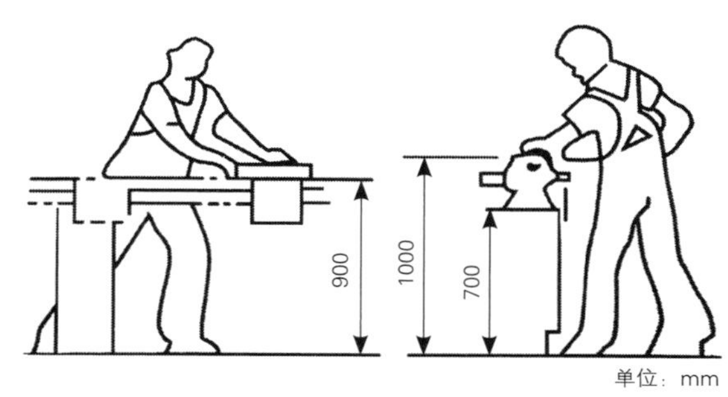

图4-1-4　需要用力的工作台面设计

图4-1-5　需要用力的木工推台锯工作台面设计

1.2.2 坐姿作业

在人们坐着工作时，最重要的尺寸是工作桌面与椅子座面之间的距离。当桌面太高或太矮时，人们可以通过调整椅子的高度使自己上部保持较适合的姿势。对于一般的坐姿作业，作业面的高度在坐姿状态下肘高以下5～10cm比较合适。在精密作业时，由于精密作业要求手、眼之间的精密配合，作业面的高度必须增加。如使用电脑的人群坐姿作业时，我们还应注意键盘和鼠标的高度，所以对于电脑桌的桌面高度，应比普通作业的桌面略低一些。由于工作台的最低高度受到腿所必需的空间的限制，所以我们可以根据公式求得坐姿作业状态下工作台的最低高度。

$$Lh=K+R+T$$

公式中：Lh—最低工作台高度；K—髌骨上缘高（坐姿）；R—活动空隙，男性为5cm，女性为7cm；T—工作台面厚度。

坐姿作业工作面高度见表4-1-1。

表4-1-1　坐姿作业工作面高度　（单位：cm）

作业类型	坐姿作业工作面高度	
	男性	女性
精密，近距离观察	90～110	80～100
读、写	74～78	70～74
打字，手工施力	68	65

办公桌的高度是否合适，还取决于另外两个因素。

① 座面与桌面的距离——影响人腰部姿势。

② 桌下腿的活动空间——决定腿是否舒服。

设计办公桌时应保证办公人员有足够的腿的活动空间。因为，腿能适当移动或交叉对血液循环是有利的。抽屉应在办公人员两边，而不应在桌子中间，以免影响腿的活动。一般而言，办公桌应按身材较高的人体尺寸设计。这是因为身材矮的人可以加高椅面和使用垫脚台。而身材较高的人使用低办公桌就会导致腰腿的疲劳和不舒服。

1.2.3 坐立交替作业

从符合人体生理舒适度的角度来讲，能够交替站着或坐着进行工作的工作台是比较好的。因为长时间站着，人腿部的负荷过重，容易使人感到疲劳；而总是坐着的人运动量太小，也不利于身体健康。坐与站导致不同肌肉的疲劳和疼痛，久站或久坐进行工作都会促使一些职业病的发生。人在站着和坐着时对身体内部造成的压力是不同的。如果采用站着和坐着交替工作的方式，人体内的某些肌肉就像是轮流工作和休息一样，可以减少职业病的发生。坐姿解除了站立时人下肢的肌肉负荷，而站立时可以放松坐姿引起的肌肉紧张，坐与站各导致不同肌肉的疲劳和疼痛，所以坐立之间的交替可以解除部分肌肉的负荷，坐立交替还可使脊椎的椎间盘获得营养，这对人的身体也是有好处的。

在设计坐立交替的工作面时，工作面的高度以站立时的工作高度为准，为坐着工作时提供较高的椅子即可。图4-1-6所示为一台具有坐立交替式作业面的机床设计。

膝活动空间：30cm × 65cm；

作业面至椅面：30 ~ 60cm；

作业面：100 ~ 120cm；

座椅可调范围：80 ~ 100cm。

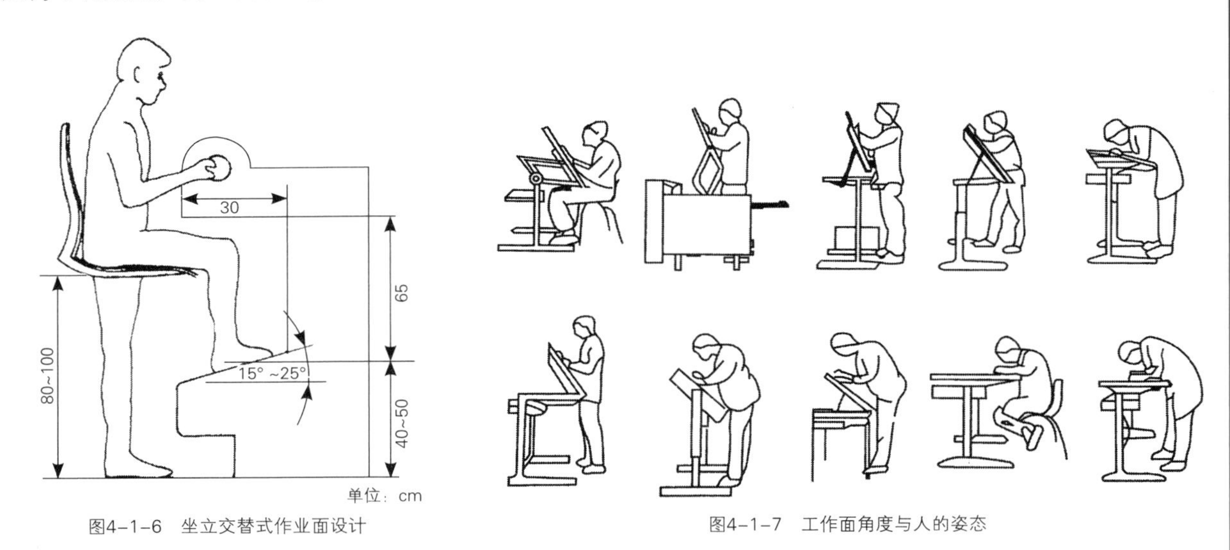

图4-1-6 坐立交替式作业面设计

图4-1-7 工作面角度与人的姿态

1.3 倾斜作业面

在作业时，人的视线与水平线的夹角是保证人头部舒适度的重要指标。坐姿时，此夹角为32 ~ 44度；站姿时，此夹角为23 ~ 44度。由于视线倾斜的角度包括头的倾斜和眼球转动两个角度，实际上，头的倾斜角度为8 ~ 22度，坐姿为17 ~ 29度。然而，当人在桌台面上进行阅读、书写等工作时，为了能看得更加清晰，往往会低着头，头的倾角就超过了舒服的范围。这样会破坏原先正常的颈部弯曲，长时间则引起颈部肌肉疼痛。这时，倾斜作业面的产生为人的头部保持一个较为舒适的姿态提供了可能。所以，现在很多学习桌、设计专用桌面都是倾斜设计，使得工作面与水平面形成一定的角度，以改善工作时需要低头的问题。桌面倾斜的设计有利于保持躯体自然姿势，避免弯曲过度。但对于不同身高的人来说，可调节高度的工作台适应性更广，是比较理想的人体工程学设计。但设计倾斜桌面放东西就有了向下滑的可能性，在设计时还应考虑防止物品滑落的装置。

如图4-1-7所示的绘图桌都是经批量生产的。

从图中可以看出桌面角度与人体姿态的关系。研究者根据人的作业姿势，从中选出了四张设计好的和四张设计差的绘图桌进行比较，通过测量发现如下结果。

设计好的，躯体弯曲为7～9度；头的倾角为29～33度。

设计差的，躯体弯曲为19～42度；头的倾角为30～36度。

当水平作业面位置过低时，由于头的倾角不能超过30度，绘图者就不得不身体前曲，增加躯体的弯曲程度。因此，为了适应不同的使用者，绘图桌高度应设计成可调式。对于工作面倾斜的桌面，人的头和躯体的姿势受工作面高度和倾斜角度两个因素的影响。

绘图桌的设计应注意：桌面前缘的高度应在65～130cm内可调，以适应从坐姿到站姿的需要；桌面倾斜度应在0～75度内可调。

1.4 现代化办公台人体尺度设计

现代化办公室内电子设备的更新和完善，逐渐形成了电子化办公室。与其电子设备相适应的办公家具设计，已显得非常重要。现代电子化办公室内大多数人员是长时间面对显示屏进行工作，因而要求像控制台一样具有合理的形状和尺寸，以避免工作人员肌肉、颈、背、腕关节疼痛。按照人机工学原理，电子办公台尺寸应符合人体各部位尺寸。图4-1-8是依据人体尺寸确定的电子化办公台主要尺寸，该设计所依据的人体尺寸是从大量调查资料获得的平均值。

由于实际上并不存在符合平均值尺寸的人，即使身高和体重完全相同的人，其各部位的尺寸也有出入。因此，在电子化办公台按人体尺寸平均值设计的情况下，必须给予可调节的尺寸范围。

电子化办公台调节方式有：垂直方向的高低调节、水平方向的台面调节以及台面的倾角调节等，采用可调节尺寸和位置的电子化办公台，可大大提高舒适程度和工作效率（图4-1-9）。

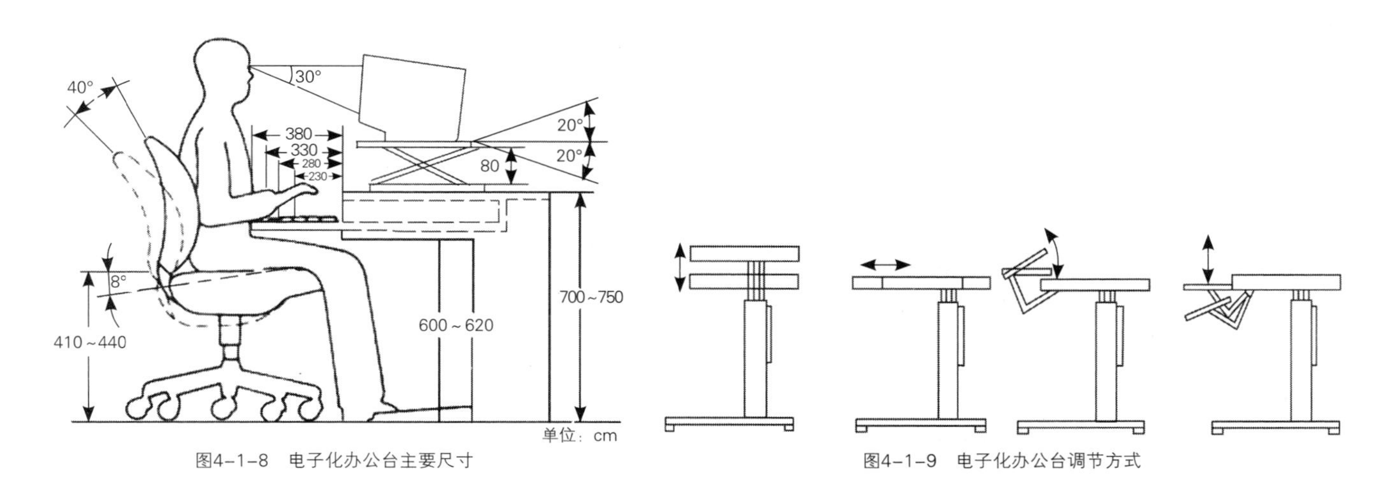

图4-1-8 电子化办公台主要尺寸

图4-1-9 电子化办公台调节方式

第二节 座椅的设计

经人类学家的研究，人类最早使用座椅完全是权利、地位的象征，坐的功能是次要的。随后，座椅逐渐发展成一种礼仪工具，不同地位的人座椅的大小不同。座椅的地位象征意义至今仍然存在。直到20世纪初，人们才开始认识到坐着工作可以提高工作效率，减轻劳动强度。不论在工作、在家中、在公共汽车或在其他的任何地方，每个人在他的一生中总有很大的一部分时间是花在坐的上面。今天在工业国家内几乎3/4的工作是坐姿作业，因此座椅的研究设计受到了广泛的重视。但是在我国很少为人们注意，往往认为加一块泡沫塑料，甚至在椅子的座位上刻出双腿的沟股就是从人体工程学出发了。椅子和座位必须舒适，并配合不同的工作需要，这不仅与工作有关，而且与人的健康有着密切的关系，所以在进行座椅设计时必须充分考虑人的坐姿生理特征。座椅设计的合理与否直接影响使用者的舒适性、健康以及工作效率，除了造型美观以外，更重要的是应符合人体工程学的原则。这里我们从人体工程学的角度开始进一步介绍有关一般座位设计原理的问题。

座椅对人有以下的益处：

① 减轻腿部肌肉的负担；

② 防止不自然的躯体姿势；

③ 降低人的耗能量；

④ 减低血液系统的负担。

不正确的坐姿也会影响健康，长期坐着的人，腹部肌肉松弛，脊柱变形弯曲，进而影响消化器官和呼吸器官。

2.1 一般座位的设计原则

与座位有关的舒适程度和功能效用是由人体的结构及生物力学关系所构成的。座位的用途不同显然要求不同的设计，但仍然有一些一般的准则。

① 座椅的形式与尺度和它的用途有关，即不同用途的座椅应有不同的座椅形式和尺度；

② 应根据人体测量数据进行设计；

③ 身体的主要重量应由臀部坐骨结节承担，休息时腰背部也应承担重量；

④ 减少大腿对椅面的压力；

⑤ 应设计靠背、腰部支撑的扶手；

⑥ 应能自由地变换身体位置，但必须防止滑脱；

⑦ 椅垫有一定厚度、硬度和透气性，确保体重能均匀地分布于坐骨结节区域。

2.1.1 座椅的高度

通常以座面前沿至地面的垂直距离作为座椅的坐高，即座面前缘高度。座高是影响坐姿舒适程度的主要因素之一，座高不合理会导致坐姿的不正确，而且容易使人产生疲劳。好的座椅设计应当让使用者上半身的重心落在臀部的骨骼上，以人的坐位（坐骨结节点）基准点为准设定座椅的高度，如图4–2–1所示。舒服的坐姿应使就坐者大腿近似呈水平的状态，小腿自然垂直，脚掌平放在地上如图4–2–1（a）所示。经实验测试，座面过高时，使用者坐下后，会双腿悬空，其腿部肌肉受压，如图4–2–1（b）所示。大腿、小腿和背部肌肉均呈拉伸状态，这种状态极易让使用者感到疲劳。其体压会分散至大腿部分，让使用者的大腿内侧受压，严重的会导致下腿肿胀。座面过低使用者的膝盖就会拱起，体压过于集中在坐骨上，时间久了会产生疼痛感，并且使用者要起身时，会比较困难，尤其对老年人来说更为明显，如图4–2–1（c）所示。同时使用者背部肌肉也会受到牵引，负荷压力增大，从而导致不适的感觉产生。

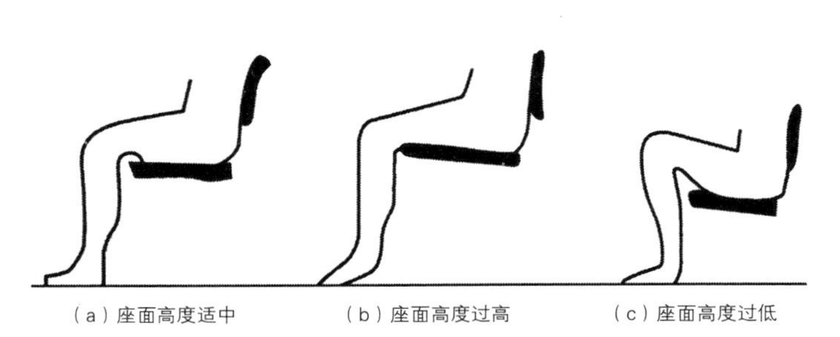
（a）座面高度适中　（b）座面高度过高　（c）座面高度过低

图4–2–1　座面高度示意

如图4–2–2所示，不同的座板高度以及座面的体压分布与座板高度的关系。当座高低于膝盖高度时，体压集中在坐骨骨节部分；当座高与膝盖同样高时，体压主要分布在坐骨骨节部分，但稍向臀部分散；当座高高于膝盖高度时，由于两腿悬空，则体压有一部分分散在大腿部分，使大腿内侧受压，妨碍血液循环而引起腿部疲劳。

在很多情况下，座椅与餐桌、书桌、柜台或各种各样的工作面有直接关系，因此，座椅高度的设计除了要考虑小腿加足高，还要考虑工作面高度。

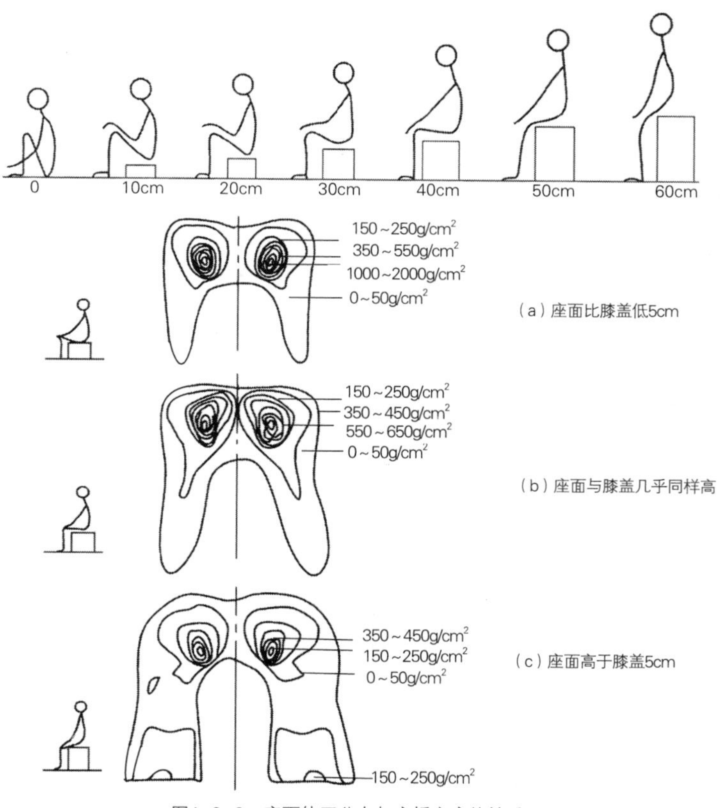

图4-2-2 座面体压分布与座板高度的关系

（1）小腿加足高

为了避免大腿的前部有过高的压力，作为前沿到地面或脚踏的高度不应大于脚底到大腿弯的距离。据研究，合适的座高应等于小腿加足高加上25～35mm的鞋跟厚再减去10～20mm的活动余地，即：

椅子座高=小腿加足高+鞋跟厚−适当空间

小腿加足高一般应适合所有第5百分位以上的人。

国家标准GB/T3326规定：椅座高=400～440mm。

就工作用椅而言，其座高宜比休息用椅稍高，且座高宜设定为可调整式的，以适应多数人使用，可确定工作椅高度取400～440mm。当然如果行得通的话，能调节的座位高度380～480mm可以适合各种高度的人的需要。沙发的座高一般规定为360～420mm，过高就像坐在椅子上，感觉不舒服；过低，坐下去站起来就会感觉困难。

（2）根据工作面高度决定座椅高度

餐桌较高而餐椅不配套，就会令人坐得不舒服；写字桌过高，椅子过低，就会使人形成趴伏的姿势，缩短了视距，久而久之容易造成脊椎弯曲变形和眼睛近视，因此，座椅的高度还应考虑工作面高度。决定座椅高度最重要的因素是椅凳面和工作面之间有一个合适距离，即桌椅高差。国家标准GB/T 3326规定了桌椅类配套使用标准尺寸，桌面与椅凳面高度差控制在250～320mm。在桌椅高差这个距离内，大腿的厚度占据了一定高度。95%的美国男性和女性的大腿厚度为175mm。由于考虑到工作面的需要，若因椅子高度造成人脚达不到地面，则这时应该使用垫脚。

2.1.2 座位的深度

座位的深度是指椅子座面前沿至后沿的距离。座深对人体舒适感的影响很大，所以座椅的深度要恰当，座面过深，超过大腿水平长度人体背部挨上座椅靠背后产生很大的倾斜度，腰部缺乏支撑点而悬空，加剧了腰部肌肉的活动强度而容易疲劳；另外，座面过深还会使背部支撑点悬空，使靠背失去作用，同时膝窝处会受到压迫，使小腿产生麻木感；座面过浅，大腿前部悬空，将重量全部压在小腿上，小腿会很快疲劳。如图4-2-3所示，座位的深度与宽度应该取决于座位的类型，坐深是确定座位深度的关键尺寸。据研究，座深以略小于坐姿时大腿水平长度为宜。即：

座深=坐深-60mm（间隙）。

然而，一般讲这个规定的深度应该适应小个子，规定的高度应该适应大个子。座位的深度应以坐深的第5个百分位数值进行设计。

国际GB/T 3326规定椅子座深为：

扶手椅座深=400～440mm，

靠背椅座深=340～420mm。

沙发及其他休闲用椅由于靠背倾斜较大，所以座深可设计得稍微大些，一般座深=480～600mm，过深则小腿无法自然下垂，腿肚将受到压迫；过浅，就会感觉坐不住。

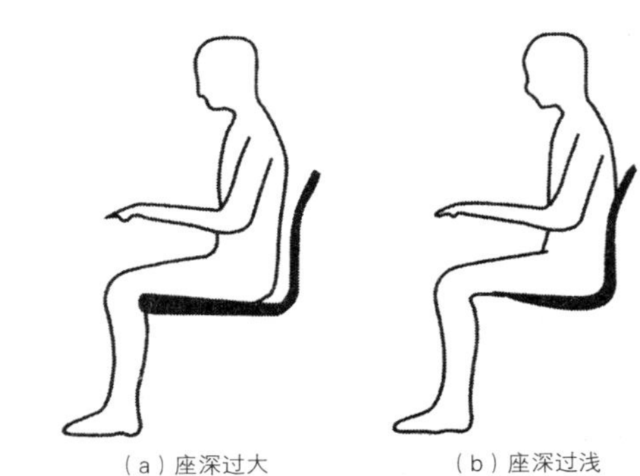

（a）座深过大　（b）座深过浅

图4-2-3　座面深度示意

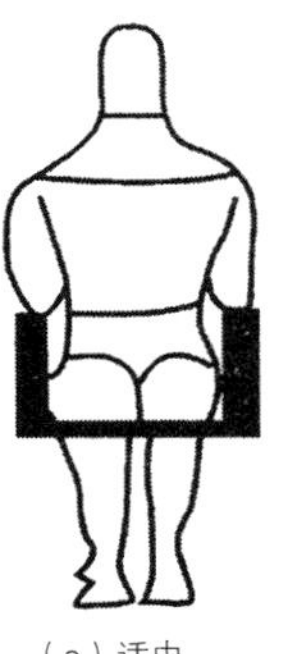

（a）适中

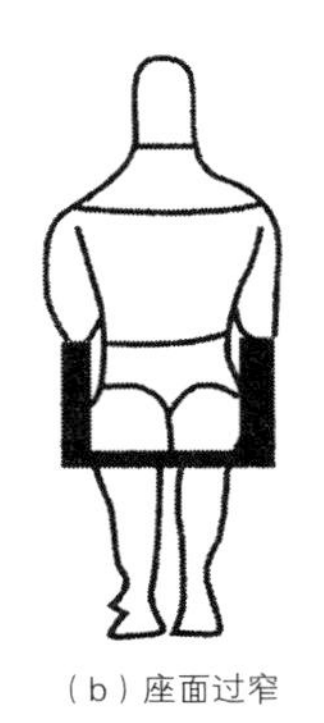

（b）座面过窄

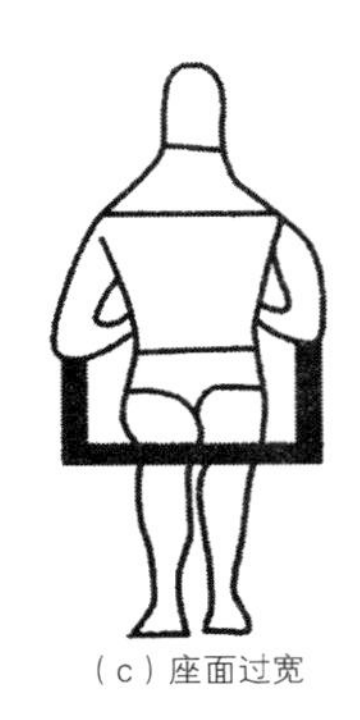

（c）座面过宽

图4-2-4　扶手椅宽度

2.1.3 座位的宽度

座位的宽度指座面的横向宽度。

座宽应使人体臀部得到全部支撑并有一定的活动余地，使人能随时调换坐姿。座宽是由人体臀部尺寸加适当的活动范围而定的。一把好的椅子，其座面的宽度必须恰如其分：座面过窄，会令使用者感到不适，因为其身体两侧的肌肉均会受到挤压；而座面过宽的话，使用者的双臂肯定会向外张开，如此使用者的背阔肌和肩部三角肌等肌腱组织均会受到拉伸，坐得久的话，会令使用者感到疲劳。在空间允许的条件下，以宽为好。宽的座椅允许坐者姿势发生变化。座宽的设定必须适合于身材高大的人，其相对应的人体测量尺寸是臀宽。而此种人体尺寸值受性别的差异影响较大，所以座宽通常以女性臀部宽度尺寸的第95百分位值进行设计，以满足大多数人的需要。

① 座宽一般不小于380mm。国际GB/T 3326规定：靠背椅座位前沿宽≥380mm。

② 对于有扶手的靠椅来说，要考虑到手臂的扶靠，通常要比无扶手的座面宽一些。如果太窄，在扶扶手时两臂必须往里收紧，不能自然放置；如果太宽，双臂就必须往外扩张，同样不能自然放置，时间稍久，都会让人感到不适，如图4-2-4所示。所以对于有扶手的座椅应该以扶手的内宽来作为座宽的尺寸，数值上是按人体平均肩宽尺寸加适当的余量，即：

$$B=L_1+L_2+L_3。$$

式中 B——座面宽度（扶手间距）；

L_1——人体肩宽；

L_2——衣物厚度；

L_3——预留的活动余量，一般为60mm。

国际GB/T 3326规定扶手椅内宽≥460mm，不会妨碍手臂的运动。

③ 如果是排成一排的椅子，如观众席座椅还必须考虑肘与肘的宽度。如果穿着特殊的服装，应增加适当的间隙。

④ 我国国际规定单人沙发座前宽应不小于480mm，小于这个尺寸，人即使能勉强坐进去，也会感觉狭窄。一般为520～560mm。

2.1.4 座面倾角

座椅的设计应有助于保持身躯的稳定性，这一点，座面倾角（指座面与水平面的夹角）起着重要的作用，当然，与座位靠背的曲线和座位的功能也有很大的关系。

一般的座面设计大部分都向后倾斜，座面向后倾斜有两种作用。首先在长期的坐姿下，座面向后倾斜以防止臀部逐渐滑出座面而造成坐姿稳定性差。其次由于重心力，躯干会向靠背后移，使背部有所支撑，减轻坐骨结节点处的压力，使整个上身重量由下肢承担的局面得到改善，下肢肌肉受力减小，疲劳度减小。一般情况下，座面倾角越大，靠背分担座面的压力比例就越高。

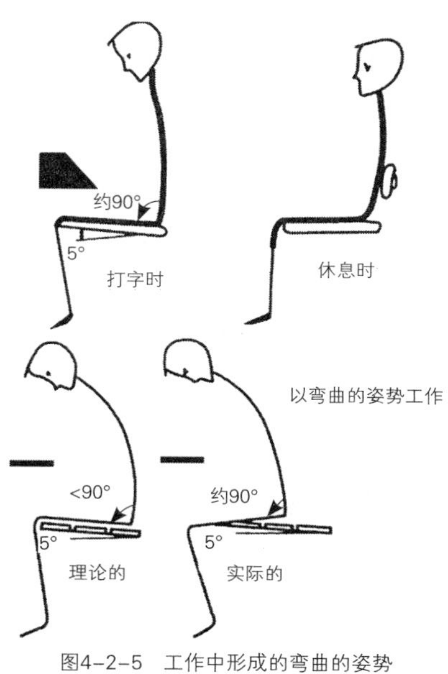

图4-2-5 工作中形成的弯曲的姿势

椅凳类家具的座面倾角决定了使用者在使用时的身体姿势，从而影响使用者的身体疲劳度，因而不同类型的椅凳类家具的座面角度不同。如某些椅凳类家具的座面前倾，如学习椅等。这类椅凳类家具在使用时使用者上身需要前倾，若座面倾斜向后，人的上身前曲的幅度会增大，反而增加了人体向前时肌肉与韧带的要求，导致脊椎骨过度弯曲，造成脊椎骨局部劳损，易于引发脊椎疾病，如图4-2-5所示。

据研究，工作用椅座面倾角应为0～5度，推荐的工作用椅的座面倾角为3度，此时人感到比较舒适。当人们处于休息和阅读状态时，应用较大的倾角，休息用椅座面倾角为5～23度，这个应根据休息程度进行调整。如表4-2-1所示为根据舒适度决定的不同椅凳类家具的座面倾角的建议值。

表4-2-1 根据舒适度决定的不同椅凳类家具的座面倾角的建议值

椅凳类家具种类	座面倾角/度	椅凳类家具种类	座面倾角/度
餐桌	0	休息用椅	5～23
工作椅	0～5	躺椅	≥24

2.1.5 扶手的高度

休息椅和部分工作用椅还需设扶手，扶手的功能是使人坐在椅子上时手臂自然放在其上，减轻两臂负担，也有助于上肢肌肉的休息，增加了舒适感。在就坐起身站立或变换姿势时，可利用扶手支撑身体；在摇摆颠簸状态下，扶手还可以帮助身体稳定。

扶手的高度应与人体坐骨节点到上臂自然下垂的肘下端的垂直距离相近。扶手过高时两臂不能自然下垂，扶手

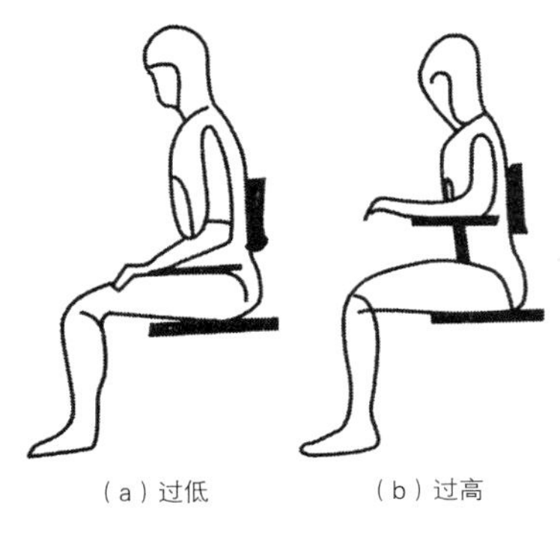

图4-2-6　扶手高度

过低时两臂不能自然落靠，如图4-2-6所示。这两种情况均容易致使上臂疲劳。扶手的高度要合适，设计时依据第50百分位的坐姿肘高来确定椅子扶手的高度，一般扶手与座面的距离以200~250mm为宜，同时扶手前端略高点，随着座面倾角与靠背斜度而倾斜。

2.1.6 靠背

对于一把椅子来说，靠背并不是一个必须存在的部分，如果使用者的活动范围较大，希望能够灵活自如地转动、取放物品的话，可以选择没有靠背的椅子。但当使用者使用椅子的时间较长时，有靠背的椅子能让使用者感到更舒适。人体的腰椎要想获得舒适的支撑面，椅靠背的形状就要与人体坐姿时的脊椎形状相吻合。椅子的靠背能够缓解体重对臀部的压力，减轻腰部、背部和颈部肌肉的紧张程度。椅子的靠背是决定椅类家具是否舒服的根本要素。

（1）靠背倾角

靠背倾角是指靠背与座位之间的夹角。它是随着使用者休息程度的加大和靠背本身长度的增加而增加的，与座面的高度、深度、倾斜度也有关系，靠背倾角的增加能增强人体的舒适感。一般来讲，靠背倾角越大，人体所获得的休息程度越高，因为靠背倾斜角度都是逐渐向后增加的，它对人体的支撑点也同时逐渐向上转移，如此支撑点和支撑角度由一个增加到两个。当身体向后仰时，身体的负载移向背部的下半部和大腿部分。当靠背倾角达到110度时，人体的肌电图的波动明显减少，被试者有舒服的感觉。越躺下，越感觉到舒服，完全躺下就是床的设计了。工作用椅靠背倾角较小，一般取95~105度之间，常用100度。休息用椅则较大，而且休息程度越高其靠背倾角也越大。常见椅凳类家具靠背倾角见表4-2-2。

表4-2-2　常见椅凳类家具靠背倾角

椅凳类家具种类	靠背倾角/度	椅凳类家具种类	靠背倾角/度
餐椅	90	休息椅	110～130
工作椅	95～105	躺椅	115～135

（2）腰靠和肩靠

在靠背的设计中，除了注意靠背倾角外，还要注意能够提供“两个支撑”，设计腰靠和肩靠的位置。

一般来说，靠背的压力分布在肩胛骨和腰椎两个部位最高，这就是在靠背设计中所强调的两个支撑的原因。

“两个支撑”指的是腰椎部分和背部肩胛骨部位的两个支撑部位，如图4-2-7所示，当座位有两个支撑时，人们在坐着的时候会感到后背及腰部十分舒适。

因为人的肩胛骨分左右两块，所以两个支撑实际上是两个支撑位，三个支撑点。其中上部支撑点为肩胛骨部位

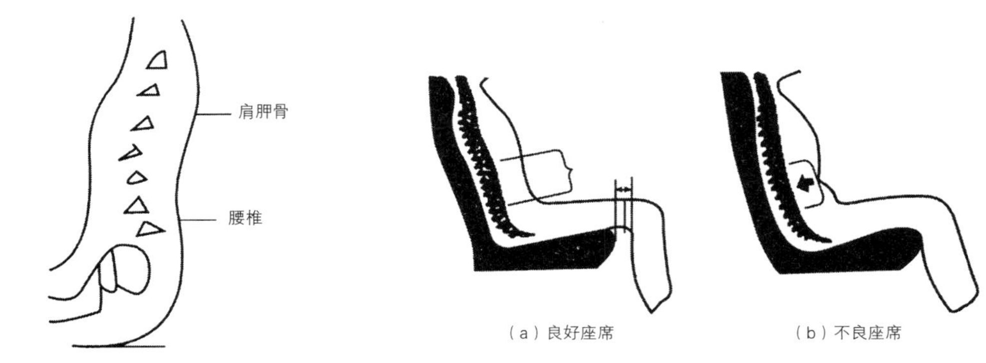

图4-2-7　椅子靠背的两个支撑点的位置

图4-2-8　坐垫的软硬及压力分布的改变

提供凭靠，称为肩靠；下部支撑点为腰曲部分提供凭靠，称为腰靠。

腰部支持点是椅类家具靠背设计中必需的也是最重要的一个支持点，它为使用者提供了腰曲部分的凭靠。在家具的设计中，应有腰靠的凸缘，用以支持腰部。如果座椅不设计腰靠，坐时人的腰骶部基本处于悬空状态，坐久了会有不适感。

腰部支撑点过高和过低，都容易引起支撑点的前凸顶在脊椎的胸曲或者骶曲的某一位置上，不仅起不到增加椅类家具舒适性的作用，反而会增大脊椎变形的可能。靠背的腰靠要符合人体脊柱自然弯曲的曲线。凸缘的顶点应在第三腰椎骨与第四腰椎骨之间的部位，即顶点高于座面后缘10～18cm。腰部支撑点的高度是指腰部支撑点到座位基准点的高度。腰靠的凸缘有保持腰椎柱自然曲线的作用。如图4-2-8（a）所示为良好座席，由于对腰椎支撑的高度适当，使脊柱近似于自然状态，由于伸直脊柱，腹部不受压；而图4-2-8（b）所示为不良座席，由于没有支撑腰椎，脊柱呈拱形弯曲，腹部受压。

有的座椅靠背能支持人的肩部以及腰部，具有高度合成凹面形状，可以给整个背部较大面积的支撑。背靠倾角直接影响支撑点的高度，良好的背部支撑位置与角度列于表4-2-3中。研究表明的最佳支撑条件如图4-2-9所示。

表4-2-3　良好的背部支撑位置与角度

		上体角度/度	上部		下部	
			支持点高/cm	支持面角度/度	支持点高/cm	支持面角度/度
一个支撑	A	90	25	90	—	—
	B	100	31	98	—	—
	C	105	31	104	—	—
	D	110	31	105	—	—
两个支撑	E	100	40	95	19	100
	F	100	40	98	25	94
	G	100	31	105	19	94
	H	100	40	110	25	104
	I	100	40	104	19	105
	J	100	50	94	25	129

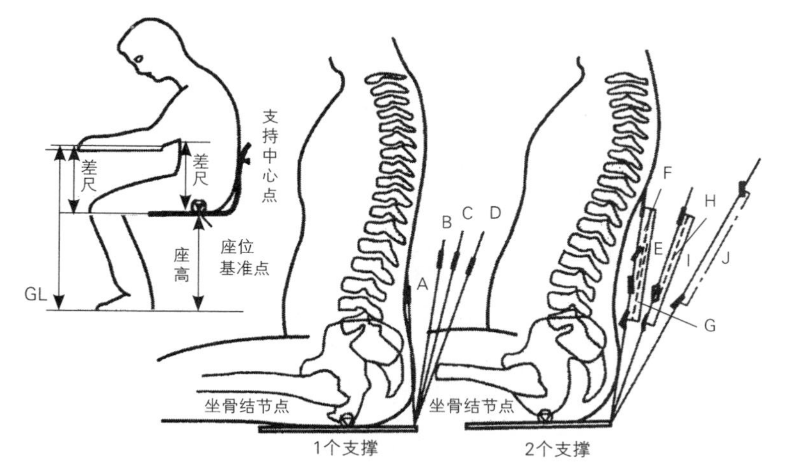

图4-2-9　良好的背部支撑位置

“一个支撑”和“两个支撑”的区别在于是否有背部支撑点，有些对舒适度要求不高的工作椅等椅类家具常选择使用“一个支撑”。选择“一个支撑”或“两个支撑”以及支撑的位置应根据座椅的用途，即使用者的目的来确定。

靠背支撑如图4-2-10所示。腰靠和肩靠是靠背较为简易的形式，当靠背倾角增大到一定程度或者在设计交通工具的座椅时，还要增加靠枕，以保证坐姿的舒适性，并防止由于运动冲击引起的颈椎和颈肌损伤。例如，在轿车座椅如图4-2-11所示，一些大客车座椅，或者有些老板椅如图4-2-12所示的靠背上部都有一道鼓起来的凸包。这道凸包是用来垫靠颈部的凹处，使人的头颈更舒服些。但要注意的问题是，一定要根据人体测量尺寸，正确设计靠枕的位置，否则垫颈的凸包就顶住我们的后脑勺，令人很不舒服。

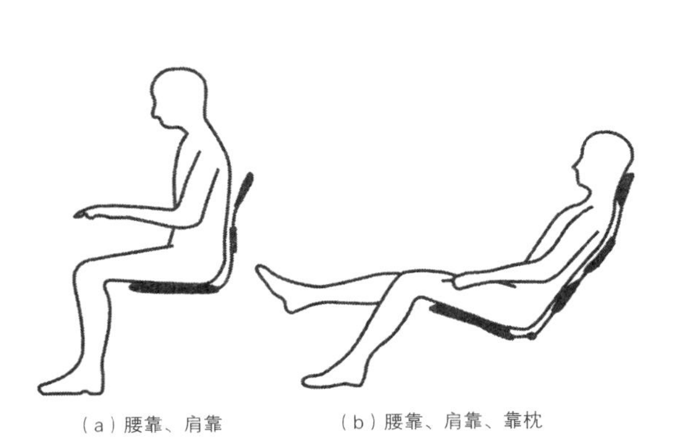

图4-2-10 靠背支撑

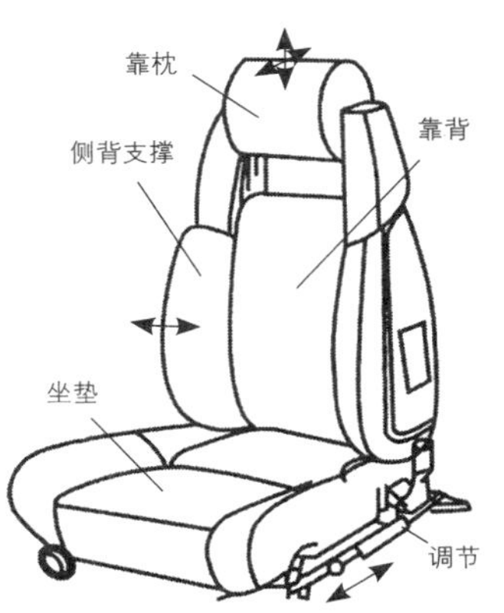

图4-2-11 轿车座椅靠枕

图4-2-12 具有靠枕的老板椅

（3）靠背尺寸

① 靠背的宽度：对于工作椅，人的肘部会经常碰到靠背，所以靠背宽度以325～375mm为宜。

② 背长（靠背的高度）：一般来说，靠背的高度不是固定的，依使用者的习惯和感觉而定，对于工作椅来说，只要不影响使用者的活动，靠背高度低者可仅达使用者的第二腰椎，高者可到使用者的肩胛骨、颈部。简单靠背的高度，大约有125mm就可以了。靠背不宜过高，通常设置的肩靠应低于肩胛骨下沿，高约460mm，过高则易迫使脊椎前屈，这个高度也便于转体时舒适的将靠背夹置腋下。休息用椅靠背倾角增大，又因上身垂直趋向水平，所以靠背必须超出肩高，使背部有支持，身体自然舒展，才能达到休息的效果。

椅子是与人体接触最为密切的家具。椅子设计除了考虑以上功能尺寸外，还需考虑其舒适度。

在GB/T 3326—1997中，关于椅类家具尺寸的规定见表4-2-4和表4-2-5。如图4-2-13、图4-2-14所示分别为扶手椅和靠背椅的尺寸。

表4-2-4 扶手椅尺寸

扶手内宽 B_2/mm	座深 T_1/mm	扶手高 H_2/mm	背长 L_2/mm	尺寸级差△S	靠背倾角β/度	座面倾角α/度
≥460	400～440	200～250	≥275	10	95～100	1～4

表4-2-5 靠背椅尺寸

座前宽 B_2/mm	座深 T_1/mm	背长 L_2/mm	尺寸级差△S	靠背倾角β/度	座面倾角α/度
≥380	340～420	≥275	10	95～100	1～4

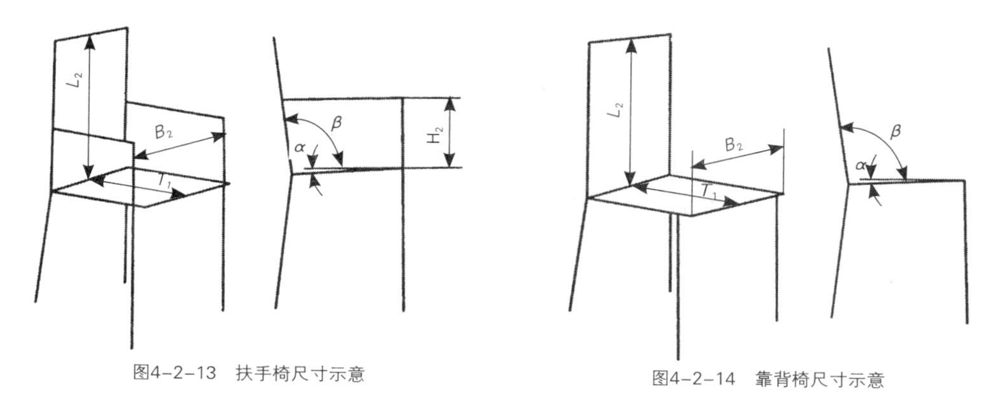

图4-2-13　扶手椅尺寸示意

图4-2-14　靠背椅尺寸示意

2.1.7 座椅椅垫

（1）重量分布

椅凳类家具的设计要解决人使用这类家具时身体的支撑问题。当一个人坐在椅子内时，他身体的重量并非全部在整个臀部上，而是在两块坐骨的小范围内，如图4-2-15所示。

如图4-2-16所示，用等压线表示了坐板压力分布。每一根线代表相等的压力分布，座面上的臀部压力分布在坐骨结节处最大，由此向外，压力逐渐减小，直至与座面前缘接触的大腿下部，此处压力为最小。从坐骨结节下的最大值90gf/cm^{2}至最外边的10gf/cm^2。

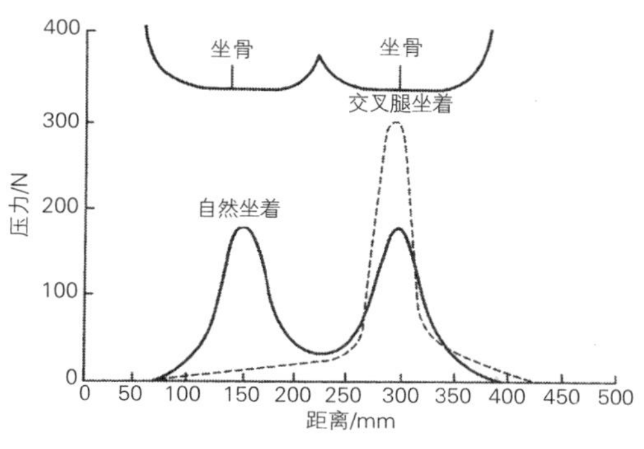

图4-2-15　座椅上的压力分布

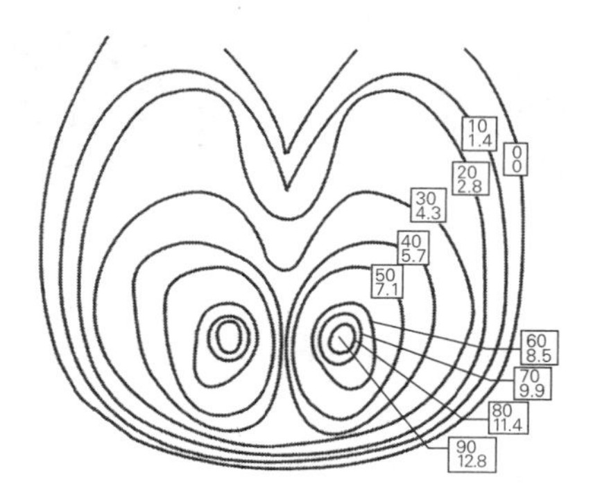

图4-2-16　等压线表示的坐板压力分布

由人体解剖学可知，由大腿下面至膝盖后面有主动脉，受力后容易产生麻木感，当人体的重量主要是由坐骨结节支撑时，人的感觉最舒服。座椅面的设计应以坐骨结节处为最大受力点，由此向外压力逐渐减小，直至座椅面前缘与大腿接触压力最小。

如图4-2-17所示，给出了座位面的体压分布的不良状况。体压分布是人坐着时身体所受压力的分布状态。

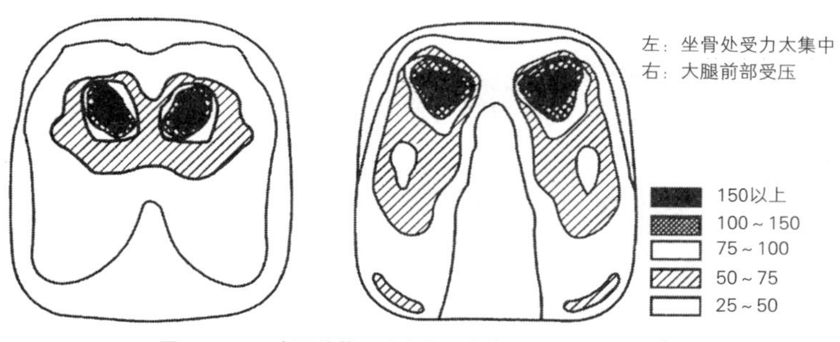

图4-2-17　座面的体压分布的不良状况（单位：gf/cm^2）

一把好的椅子设计，必须适宜人体随意改变姿势的状态。椅垫垫性就是起支撑作用的与人体接触的垫层特性。

（2）椅垫的功能

椅垫具有以下两种重要功能。

① 椅垫可使体重在坐骨隆起部分和臀部产生的压力分布比较均匀，不致产生疲劳感。

人坐着时，人体重量的75%左右由约25cm^{2}的坐骨结节周围的部位来支撑，这样久坐足以产生压力疲劳，导致臀部痛楚麻木感。若在上面加上软硬适度的坐垫，则可以使臀部压力值大为降低，压力分散。

② 椅垫可使身体坐姿稳定。

（3）椅垫的软硬度

人体的解剖及生理学知识告诉我们，坐着的时候，人的腰椎负荷比站立时要大，脊柱和骨盆位置相互垂直，其垂直的固定位置由脊柱两旁的肌肉维系。如果脊柱和骨盆的位置长期偏移，这个系统的受力就会产生偏差，由此容易引发背部肌肉痉挛，甚至于骨骼损伤，久而久之，人会感到腰酸背痛。座面的一定缓冲性是需要的，因为它可以增加臀部与座面的接触表面，从而减小压力分布的不均匀性，但坐垫不是越软越好，若坐垫过软会产生如下问题。

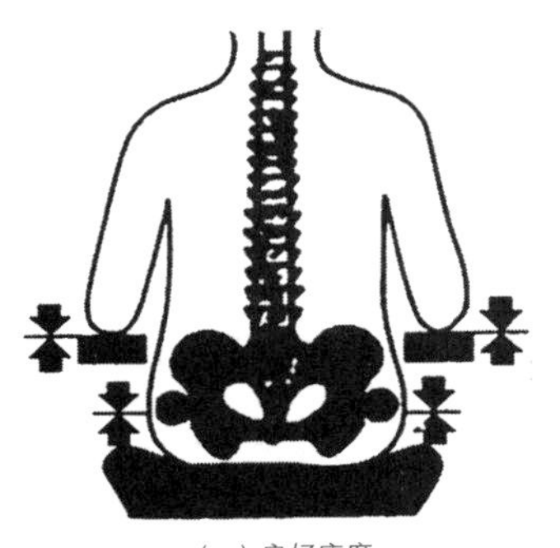
（a）良好座席

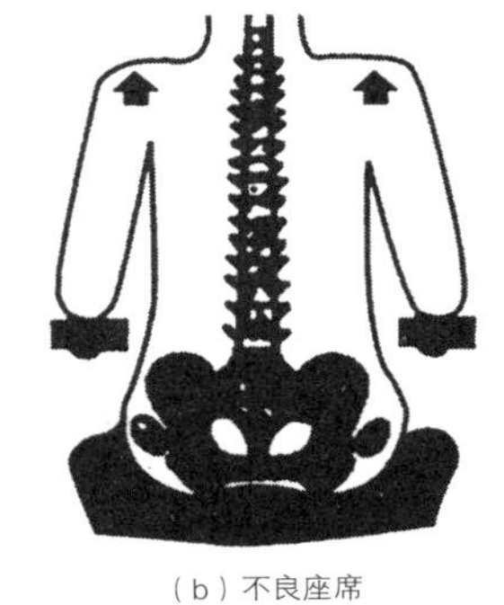
（b）不良座席

图4-2-18　坐垫的软硬及压力分布的改变

① 人体坐在柔软椅垫上，很容易使整个身体无法得到应有的支撑，从而产生坐姿不稳定的感觉。

人体在休闲椅的柔软材质上只有双脚依靠在坚实的地面上才有稳定感，因此，弹力太大的座椅非但无法使人获得依靠，甚至由于需要维持一种特定姿势，肌肉内应力的增加会导致疲劳的产生。

② 人体坐在柔软椅垫上，人体臀部和大腿会深深地凹陷入坐垫内，全身肌肉和骨骼受力不均，受到坐垫的接触压力如图4-2-18所示，想保持正确的坐姿和改变坐姿都很困难，从而导致腰酸背痛的现象的产生。

若坐垫过硬，使人的体重集中于坐骨隆起部分，而得不到均匀的分布，易引起坐骨部分的压迫疼痛感。太软太高的坐垫身体不宜平衡稳定，反而不好。一般坐垫的高度是25mm。

另外，一般简易沙发的座面下沉量以70mm为宜，大中型沙发座面下沉量可达80~120mm，背部下沉量为30~45mm，腰部下沉量以35mm为宜。

2.1.8 椅子表面的材料

椅子表面的材料应采用纤维材料。既可透气，又可减少身体下滑，不要采用塑料面。塑料面不透气，表面太滑，使人感到不舒服。

2.1.9 侧面轮廓

从人体工程学的观点来看，座椅是坐的机器。从简单的板凳到牙科诊所的医疗椅，座椅的复杂程度以及它与人的关系大不相同。但是，对人体影响最大的是座椅的侧面轮廓。如图4-2-19（a）所示是多功能座椅，图4-2-19（b）是懒椅，其侧面轮廓使人感觉特别舒服。

在座椅的设计过程中，必须进行实验，以确定座椅的侧面轮廓是否感觉舒服。用来休息的座椅，称为懒椅。由于椎间盘内压力和肌肉疲劳是引起不舒服感觉的主要原因，因此，座椅的测面轮廓若能降低椎间盘内压力和肌肉负荷，并且使之降到尽可能小的程度，就能产生舒服的感觉。

椅子的设计应按人体背部特点而设计成一定的曲率，椅子靠背设计成S形曲线，与人的脊柱弯曲基本吻合，应使椅子适应于人，且保持100～105度的靠背倾角，这是人体保持放松姿态的自然角；而且在这种角度时，从人体工程学的角度分析，这种S形曲线的靠背对人的背部有两个支撑点，一个在腰骶部，一个在肩胛骨。

对于有软垫的椅子，其侧面轮廓是指人坐下后产生的最终形状。如图4-2-18（a）所示，显示的是良好的软椅，采用柔轻座面，增大臀部与座面接触面积，可改善坐骨结节受力集中的情况，此时扶手高度适当，肩部不感酸痛。图4-2-18（b）所示的是不良的座椅，虽然可能原来的形状好，但人坐下后的最终形状不好。座面过于松软，使股骨处于受压迫位置而承受载荷，臀部肌肉承受压迫，并使肘部和肩部受力，从而引起不舒服感，此时扶手显得过高。

总之，理想的座椅，应使就坐者体重分布合理，大腿近似呈水平状态，两足自然着地，上臂不分担身体的重量，肌肉放松，操作时躯干稳定性好，变换坐姿方便，给人以舒适感。

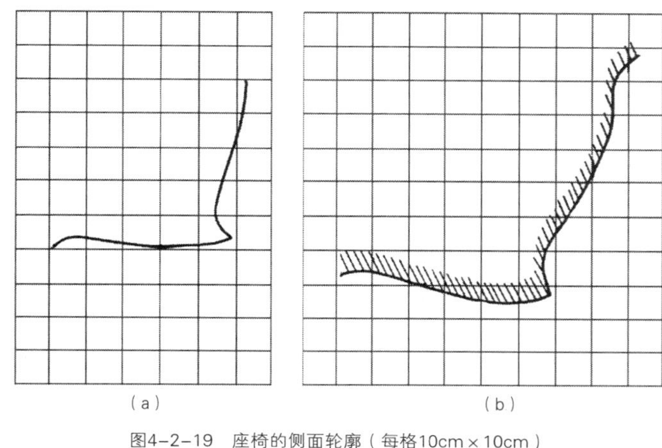
（a）　（b）

图4-2-19　座椅的侧面轮廓（每格10cm×10cm）

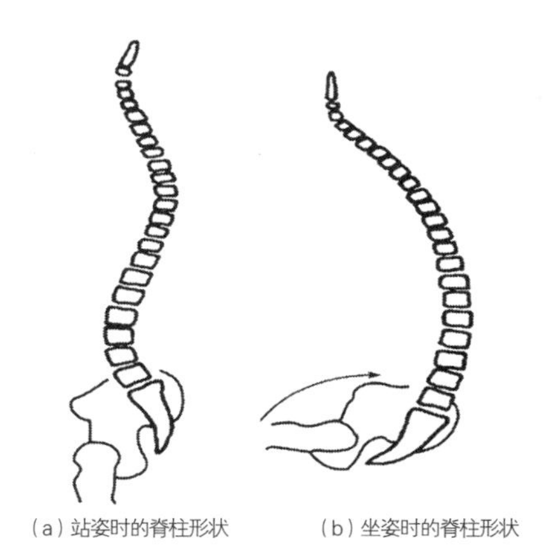
（a）站姿时的脊柱形状　（b）坐姿时的脊柱形状

图4-2-20　站姿和坐姿时的脊柱形状

2.2 坐的解剖学

2.2.1 坐姿的生理特征

为了了解坐姿的问题，必须先了解人在坐着时发生的解剖学上的变化。

脊柱通常分成4部分，以座椅的设计观点而言，腰椎和骶椎两部位最为重要。这些椎骨和介于其间的椎间盘，附着于其上的肌肉、肌腱和韧带等，承受着坐姿时人体的大部分体重负荷。

人的最自然的姿势是直立站姿，直立站姿时脊柱基本上是呈S形，如图4-2-20（a）所示，脊柱的腰椎部分前凸，而至骶骨时则后凹。

与直立站姿相比，人在坐姿时，身体的脊柱会由站立时的S形（正常形）向拱形变化。这是因为坐姿时骨盆向后方倾转，从而使背下端的骶骨也倾转所致，如图4-2-20（b）所示。人由直立到坐下时腰脊椎由朝前弯曲变为朝后弯曲，这样就使得人脊柱的椎间盘受到了很大的压力，从而导致腰痛等疾病发生。研究表明，此时人的第三和第四腰椎间所受的压力最大，长时间的处于受压状态导致腰痛。

在良好的姿势下，压力适当地分布于各椎间盘上，肌肉组织上分布均匀的静载荷。当处于非自然姿势时，椎间盘内压力分布不正常，会产生腰部酸痛、疲劳等不适感。舒适的坐姿应保持腰曲弧形处于正常状态。在这种状态下，各椎骨之间的间距正常，椎间盘上的压力轻微而均匀，腰背肌肉处于松弛状态，从上肢通向大腿的血管不受压迫，保证血液循环正常。如果人体以一种违反脊柱的自然形态坐在椅子上，则椎间盘上可能分布不正常的压力负荷，长时间后腰部会产生不适感。因此，保持正确姿势是绝对必要的，我们坐着的时候，应当设法保持生理弯曲。

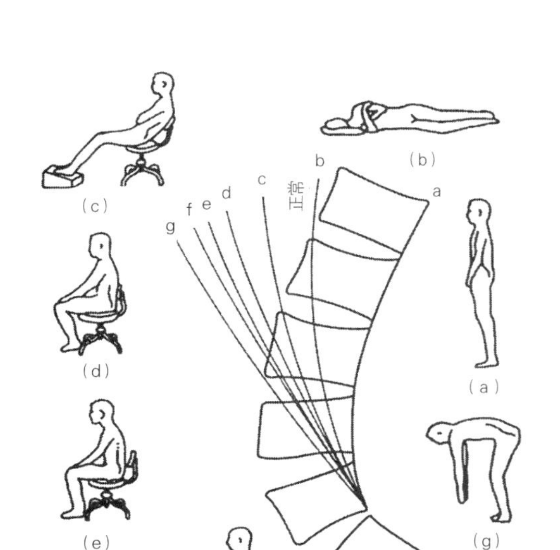

图4-2-21　各种姿势的腰椎曲线

处于不同的身体状态时，脊椎的曲度不同。以X光照片研究人体处于各种不同姿势下腰椎所产生的曲线变化，如图4-2-21所示。

a：直立状态；b：舒适侧卧状态；c：人坐在座面和靠背成大于90度角的座椅上；d：人坐在座面和靠背成90度角的座椅上；e：人坐在座面和靠背小于90度角的座椅上；f：人坐在座椅上并且足部有与等高度支撑的状态；g：人处于俯身的状态。

由图4-2-21中可以看出从a到g，人的腰椎曲度逐渐减小，上身对腰椎部的压力负荷逐渐增大，从而引起腰椎向前拉直，增加了脊椎骨间的椎间压力并使肌肉组织紧张引起不适。特别是到e、f、g状态下，人体躯干前倾，这种姿势会使本来前凸的腰椎拉直甚至反向后凹，影响了胸椎和颈椎的正常弯曲，使颈、背部产生疲劳。当人体舒适地侧躺着，大腿与小腿适度地弯曲时，脊柱即维持其自然的姿势，此时背部肌肉即可处于最佳的轻松状态，如图4-2-25中曲线b所示。以此种姿势所形成的腰椎曲线与其他代表性姿势的腰椎曲线比较，可以看出其间的差异很大。

人性化的家具应该最大程度地减轻人们的疲劳度，而保证腰椎曲线的正常形状是获得舒适坐姿的关键。曲线c是最接近人体脊柱自然状态的姿势，即要使坐姿能形成接近于脊柱的自然形态，其躯干与大腿间必须大于90度角，且在腰椎部位有所支撑。

由于正常的腰弧曲线是微微前凸的，为使坐姿下的腰弧曲线变形最小，座椅应在腰椎部位提供所谓两点支撑。在第5～6胸椎高度相当于肩胛骨的高度，设置第一支撑位——肩靠。在第3～4腰椎之间的高度上设置第二支撑位——腰靠。腰靠和肩靠一起组成座椅的靠背。

座椅的设计影响坐姿。在澳大利亚，有人推行了一种符合人体工程学的学习台，桌面有15度的倾角，椅子的靠背向后倾斜15度。而传统的学习台，一般为水平桌面和向后5度倾角的椅子。

躯干挺直式的坐姿会使脊柱骨弯曲较为严重，因椎间盘上压力不能正常分布，身体上部的负荷加在腰椎部，这就是人坐在约90度角的靠背椅子上感到不舒适的原因。因此90度的靠背椅是不良的设计；躯干前倾的姿势会使向前凸出的腰椎拉直，导致其向后弯曲，继续此种姿势，将影响胸椎和颈椎的正常曲度，最后演变成驼背姿势；持续较长时间，支撑头部负荷的肌肉组织内静态肌力增大，颈部和背部易产生疲劳。

2.2.2 影响椎间盘内压力的主要因素

（1）坐姿

坐姿的最严重的问题是对腰椎和腰部肌肉的有害影响。不正确坐姿不但不能减轻腰的负荷，反而加重了这一负荷。60%人的有过腰痛的体验，其中最常见的痛因就是椎间盘的问题。

椎间盘由纤维环构成。由于某种原因，椎间盘也可能退化，从而丧失强度，这时椎间盘变得扁平；严重时粘液还可被挤出，整个脊柱的机能因此受到损害，造成一些组织和神经受挤压，引发各种骨盆部位的病症以及腰部风湿病，甚至腿瘫痪，不正确的作业姿势和坐姿可能加速椎间盘退化，引起上述种种病痛。

许多人建议人应直腰坐着，以保持脊柱的自然S形。在人直腰坐着时，椎间盘内压力比弯腰坐时小。但是，在坐着时适当放松，稍微弯曲身体，可以解除背部肌肉的负荷，使整个身体感觉舒服。

研究人员测量了背部肌肉的电活动，结果表明，当直腰坐时电活动增加，而放松坐时电活动明显下降，这说明身体稍微前倾的放松坐姿，有利于解除背部肌肉的负荷。

（2）靠背倾角

座椅的构造与椎间盘内压力有关。为减少椎间盘内压力，必须使用符合人的身体特性的座椅构造。除了人体坐姿影响椎间盘压力，靠背倾角也可影响椎间盘压力和背部肌肉。图4-2-22所示为不同靠背倾角下的肌电图和椎间盘内压力。图4-2-22中椎间盘的内压力以靠背倾角为90度时的压力值为零点，其绝对压力为0.5MPa（=5kgf/cm^2），所以图中为相对压力。座面与靠背的夹角在110度以上时，椎间盘内压力显著减小，所以人体上身向后倾斜110～120度为佳，事实上沙发的靠背倾角就应当以此为设计基准。

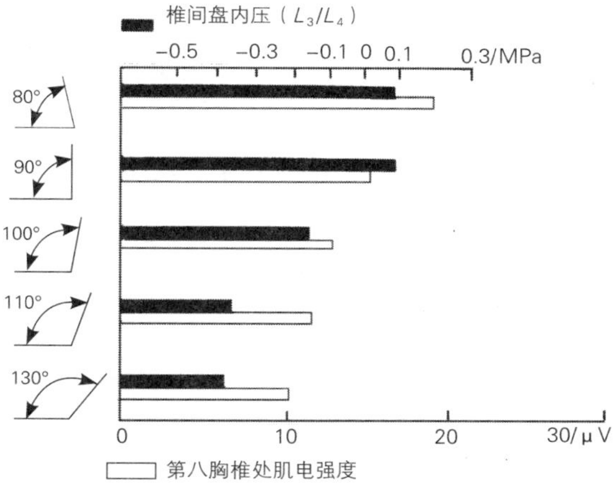

图4-2-22 座面、靠背倾角与椎间盘内压力和肌电图的关系

由此可见：

① 人的背后仰和放松时，椎间盘内压力较小；

② 靠背倾角越大，肌肉负荷越小；

③ 当靠背倾角超过110度后，倾斜的靠背支撑着身体上部分的重量，从而减小了椎间盘内压力。靠背最佳倾角为120度。

（3）腰靠

腰靠也可以减少椎间盘压力，腰靠的位置应处于第3～4腰椎间部位，腰靠厚度以5cm为宜。5cm厚的短腰靠背与平面大的靠背相比，可降低椎间盘压力，减轻肌肉负荷。

第三节 床的设计

良好的睡眠对人们来说是十分重要的。然而，温度、湿度、通风、照明、空间形态、安静程度以及寝具的功能等方面的因素，对睡眠产生着不同程度的影响。其中床的设计尤为重要。

3.1 睡眠的生理

睡眠是每个人每天都进行的一种生理过程。每个人的一生大约有1/3的时间在睡眠，而睡眠又是人为了更好地、有更充沛的精力去进行人身活动的基本休息方式。因而与睡眠直接相关的卧具的设计——我们一般也主要是指床的设计，就非常重要了。就像椅子的好坏可以影响到人的工作生活质量和健康状况一样，床的好坏也同样会产生这些问题。

睡眠的生理机制十分复杂，至今科学家们也并没有完全解开其中的秘密，只是对它有一些初步的了解。我们可以简单地把睡眠这样描述：睡眠是人的中枢神经系统兴奋与抑制的调节产生的现象。日常生活中，人的神经系统总是处于兴奋状态。到了夜晚，为了使人的精力获得休息，中枢神经通过抑制神经系统的兴奋性使人进入睡眠。休息的好坏取决于神经抑制的深度，也就是睡眠的深度。如图4-3-1所示通过对人的生理测量获得的睡眠过程的变化，通过测量发现人的睡眠深度不是始终如一的，而是在进行周期性变化。

影响睡眠质量的客观因素主要有：一是上面所说的睡眠深度的生理测量；二是对睡眠的研究发现人在睡眠时身体也在不断地运动，如图4-3-2所示。睡眠深度与活动的频率有直接关系，频率越高，睡眠深度越浅。

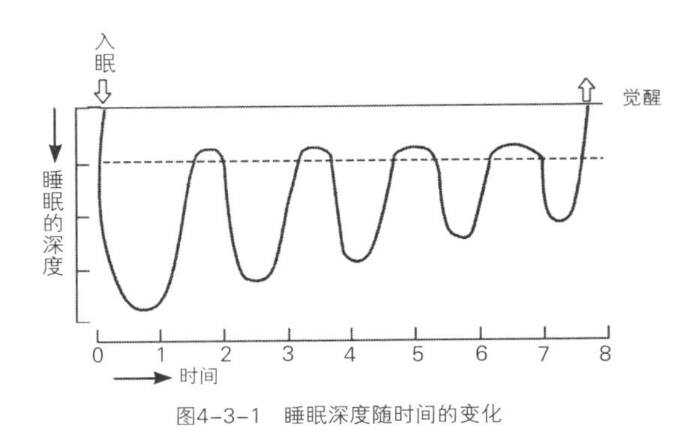

图4-3-1 睡眠深度随时间的变化

图4-3-2 睡眠时身体的运动

3.2 床垫软硬度

卧是人体最为舒适的姿势，卧姿使人体骨骼肌肉完全放松，有利于恢复体力。床是供人睡眠休息、消除一天疲劳、恢复体力和补充工作精力的主要用具。因此，床的设计必须要考虑到床与人体生理机能的关系。

偶尔在公园或车站的长凳上躺下休息时，起来会感到浑身不舒服，身上被木板硌得疼，因此，像座椅一样，我们常常在床面上加一层柔软材料。而软硬的舒适程度与体压的分布直接相关，体压分布均匀的较好，反之则不好，如图4-3-3所示。

人体在仰卧时的骨骼肌肉不同于人体直立时的骨骼结构。人直立时，人体脊柱是最自然的姿势，背部和臀部凸出于腰椎有4～6cm，呈S形状；仰卧时，这部分差距减少至2～3cm，如图4-3-4所示，腰椎接近于伸直状态。人体站立时各部分重量在重力方向上相互叠加，垂直向下；当人躺下时，人体各部分重量同时垂直向下，由于各部分的重量不同，因而各部分的沉量也不同。如果支撑人体的垫子太软，重的身体部分（臀部）下陷就深，轻的身体部分则下陷小，这样使腹部相对上浮造成身体呈W形，使脊柱的椎间盘内压力增大，结果难以入睡。

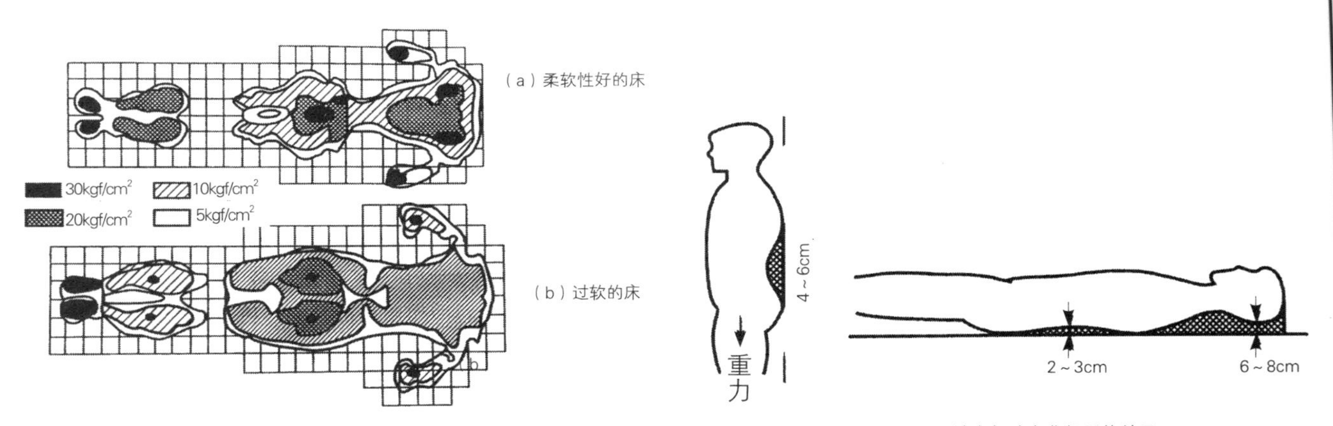

图4-3-3 床垫软硬不同的压力分布

图4-3-4 站姿与卧姿背部形状差异

卧姿状态下，与床垫接触的身体部分受到挤压，其压力分布状况是影响睡眠舒适感的重要因素。因为有的部位感觉灵敏，而有的部分感觉迟钝，迟钝部分的压力应相对大一些，灵敏部分的压力相对小一些，这样才能使睡眠状态良好。图4-3-5中所示的等高线图中，软床与身体接触面大，如图4-3-5（a）；硬床的接触面小，压力分布不均匀，如图4-3-5（b），集中在几个小区域，造成局部血液循环不好，肌肉受力不适等，也使人不舒适。因此，床垫的软硬必须合理。

床的软硬程度对睡眠姿势也有影响，调查发现，使用过软的床时约有8%的时间处于仰卧状态，软硬适中时45%的时间仰卧，偏硬的床时有30%的时间仰卧。

（a）软床垫时　（b）硬床垫时

图4-3-5　仰卧时软硬床垫背部的等高线图

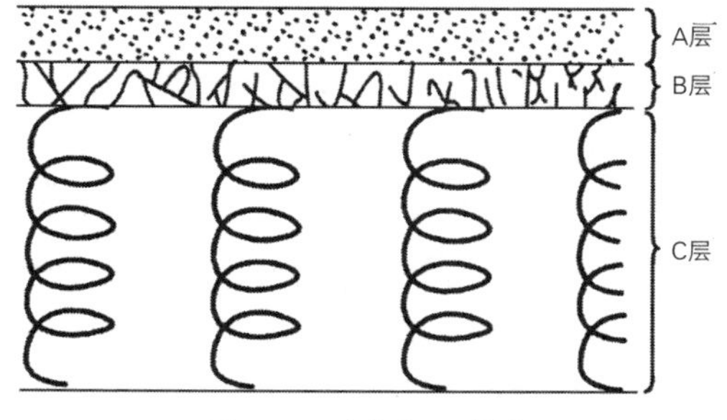

图4-3-6　床垫的三层构造

床垫不是越软越好，为了实现舒适的卧姿，必须在床垫的设计上下工夫。床垫设计主要应从床垫的软硬度、缓冲性等构造因素上着手。

床具的生命在于缓冲性。床垫材料应选用缓冲性能好的，其缓冲性构造以三层构造为好，如图4-3-6所示，最上层A是与身体接触的部分，必须是柔软的，可采用棉质等混合材料制造；中间B层采用较硬的材料，保持身体整体水平上下移动；最下层C层要求受到冲击时起吸振和缓冲作用，可采用弹簧、棕垫等缓冲吸振性较好的材料制造。由这样三层结构组成的具有软中硬特性的床垫能够使人体得到舒适的休息。

由于人体脊柱结构呈S形，因此，人在仰卧时，床的结构应使脊椎曲线接近自然状态，并能产生适当的压力分布于椎间盘上，以及均匀的静力负荷作用于所附着的肌肉上。凡是符合此种要求的床，便是符合人体工程学要求的好床。

软硬适度的床最好，也就是说背部与床面成2～3cm空隙的软硬度最好。不同材料的睡垫由于软硬程度不同，对背部形状有不同的影响。如图4-3-7中上面A、B的是最理想的材料，它的体压分布最为合适，而下面E、F的则是最差的材料，由于它的弹性太大，所以不利于人体压力的合理分布。

图4-3-8所示为人仰卧时，不同承载体对姿势的影响。

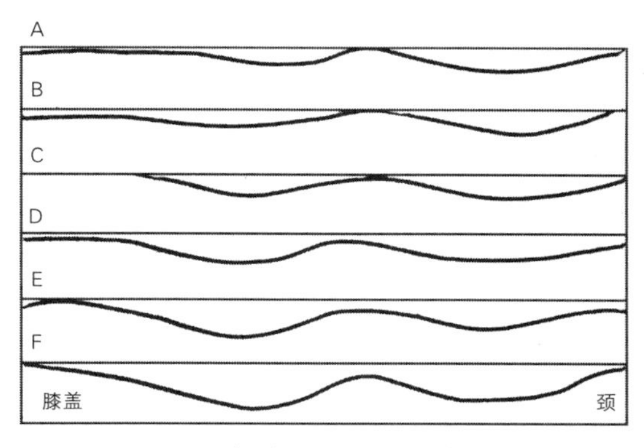

图4-3-7　床面软硬引起腰背部形状的变化

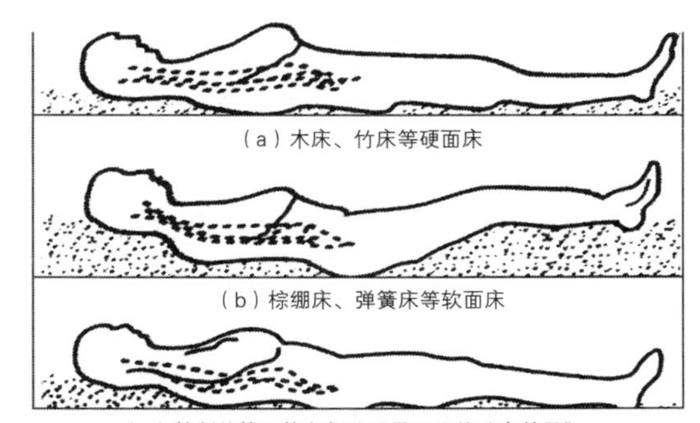
（a）木床、竹床等硬面床

（b）棕绷床、弹簧床等软面床

（c）特制的按人体各部分重量配置的“席梦思”

图4-3-8　人仰卧时不同承载体对姿势的影响

床垫材料的发展经过了海绵、草棕、弹簧，直到现在的乳胶，既是一个漫长的过程，也是一个逐步提高的过程。乳胶床垫选用天然橡胶为原料，运用高科技工艺使其在低温冷却塔内经超常压力高速雾化，然后喷进100摄氏度高温模具迅速膨胀，经150t重压一次成型。它的最大特点是高回弹性，可以使人体与床面完全贴合，且透气性良好，能够均匀支撑人体各个部分，有效地促进人体的微循环。乳胶床垫的设计是根据人体工程学原理，针对头、肩、背、腰、臀、腿、脚七个部位不同着力的要求，提供精确的对应支撑，令人感到很舒适。

床垫的选择应根据居住地气候、个人生活习惯、喜好及经济条件，但最基本的是要软硬适中。太硬的床垫使脊骨部分悬空，未能全面支撑腰部以下的部分；太软的床垫未能给予脊骨有力的承托，有损睡眠健康；软硬适中均匀支撑的床垫，使脊骨处于最佳位置，是最理想的床垫。

3.3 床的尺寸

3.3.1 床的宽度

到底多大的尺寸合适，在床的设计中，并不能像其他家具那样以人体的外廓尺寸为准。其一，人在睡眠时的身体活动空间大于身体本身，如图4-3-9所示，不规则的图形是人体活动区；其二，科学家们进行了不同尺度的床与睡眠深度的相关实验。图4-3-10在宽度上表现出了不同宽度与睡眠深度的对应关系，47cm的宽度虽然大于人体的最大尺寸，但从图4-3-10可以看出并不是理想的。70cm显然要好得多，当然这也只是满足了最低限度，所以实际上日常生活中的床尺寸都大于这个尺寸。

图4-3-9 睡眠时的活动空间

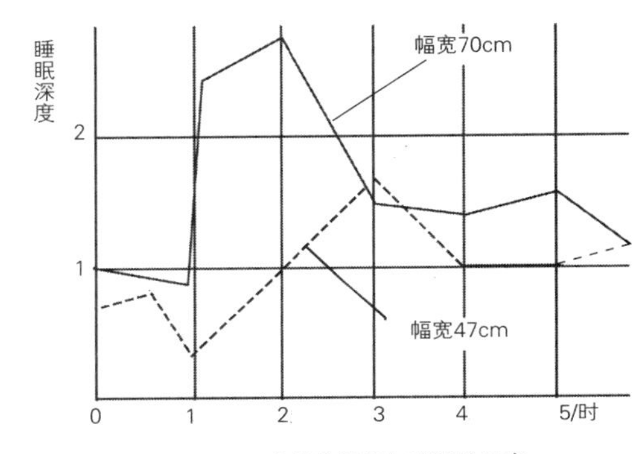

图4-3-10 床具的幅宽与睡眠的深度

床的合理宽度应为人体仰卧时肩宽的2.5～3倍。即床宽为：

$$B=(2.5\sim3)W$$

式中 W——成年男子平均最大肩宽（我国成年男子平均最大肩宽为431cm）。

国家标准GB3328—1997（床类主要尺寸）规定：

单人床宽度为720mm、800mm、900mm、1000mm、1100mm、1200mm；

双人床宽为1350mm、1500mm、1800mm。

3.3.2 床的长度

在长度上，考虑到人在躺下时肢体的伸展，所以实际比站立的尺寸要长一点，再加上头顶和脚下要留出部分空间，所以床的长度比人体的最大高度要多一些，如图4-3-11所示。床长为：

$$L=1.05h+\alpha+\beta$$

式中 L——床长；

α——头部余量，常取10cm；

β——脚后余量，常取5cm；

h——平均身高。

为了使床能适应大部分人的身高需要，床的长度应以较高的人体作为标准进行设计。

国家标准GB3328－1997规定：单床屏的床床面长度有1900mm、1950mm、2000mm、2100mm四种。从舒适度上考虑，目前床的长度为2000mm或2100mm比较流行。双床屏的床床面长有1920mm、1970mm、2020mm、2120mm四种。

宾馆的公用床，一般脚部不设床架，便于特高的客人可以加接脚蹬使用。

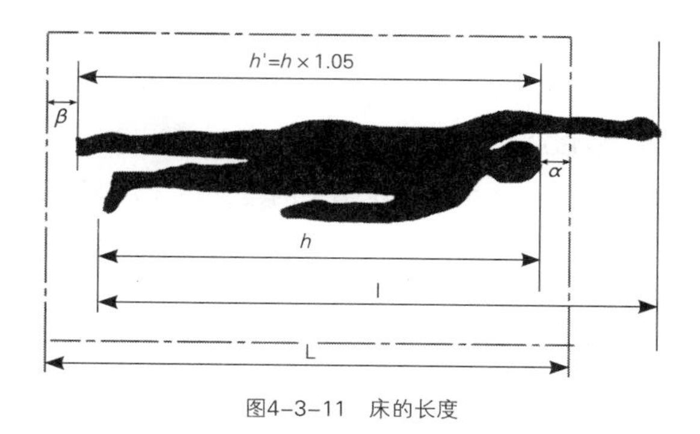

图4-3-11　床的长度

3.3.3 床的高度

床高指床面距地面的垂直高度。床铺以略高于使用者的膝盖为宜，使上、下感到方便。床高为400～500mm，一般是420mm。一般床的高度与椅高一致，使之具有坐、卧功能，同时也要考虑就寝、起床、宽衣、穿鞋等动作的需要。民用小卧室的床宜低一些，以减少室内的拥挤感，使居室开阔；医院的床宜高一些，以方便病人起床和卧下；宾馆的床也宜高一点，以便于服务员清扫和整理卧具。

双层床的层间净高必须保证下铺使用者在就寝和起床时有足够的动作空间，但又不能过高，过高了会造成上、下床的不便和上层空间的不足。因此，按国家标准GB3328－1997，底床铺面离地面高度不大于420mm，层间净高不小于950mm。

枕头的高度应与一侧肩宽相等，这样可使头略向前弯曲，颈部肌肉充分放松，呼吸保持通畅，胸部血液供应正常。但不满周岁的婴儿则以不高于6cm为宜，老年人用枕也不宜过高，以免头部供血不足。

3.3.4 床屏

床屏是床的视觉中心，是最具有视觉效果表现的部件。在人体工程学上，床屏要考虑到对人体的舒适支撑，涉及头部、颈部、肩部、背部、腰部等身体部位的舒适度和人体工程学的生理方面。床屏的第一支撑点为腰部，腰部到臀部的距离是150～230mm。第二支撑点是背部，背部到臀部的距离是500～600mm。这是东方人的一般尺寸。第三支撑点是头部。在人体工程学上，当倾角达到110度时，人体依靠是最舒适的。于是设计床屏的高度为：420mm（床铺的一般高度）+（500～600mm）=920～1020mm。对于儿童房家具，使用者大部分的尺寸小于以上的成人尺寸。床屏的高度可以适度缩小，取800～1000mm之间的尺度作为儿童房床屏的高度。床屏的弧线倾角取90～120度之间，以符合人体工程学对背部舒适度的要求。儿童房家具要帮助青少年培养良好的生活习惯。躺于床上看书是对青少年视力严重影响的一个负面因素，因而可以设计一个直板倾角为90度的床屏，直板床屏可以防止青少年躺在床上看书，但也将妨碍正常的依靠休息。可设计一个布艺隐囊，作为依靠时的小靠垫，同时还可以防止好动少年睡觉时因易动而与直板床屏的碰撞，另外直板床屏可以减少弧形的加工工序。

第四节　贮存类家具的设计

日常生活和工作中总有很多物品需要存放，这就要靠柜、架等贮藏性家具来承担。这类家具与人体产生间接关系，起着贮存物品和兼作空间分隔的作用，如橱、柜、架。这类家具应依据人体操作活动的可能范围，即人站立时，手臂的上下动作幅度进行设计，一般按存、取物的方便程度，进行分段。

人收藏、整理物品的最佳幅度或极限，一般以站立时手臂上下、左右活动能达到的范围为准。物品的收藏范围可以根据繁简、使用频率以及功能来考虑。直接地说，常用的物品放在人容易取拿的范围内，力求做到收藏有序，有条不紊，要充分利用收藏空间，并应了解收藏物品的基本尺寸，以便合理地安排收藏。

一般来讲，贮藏性家具的高度可分为三个区域（如图4-4-1）。第一区域，以肩为轴，上肢半径活动的范围，高度在603~1870mm，是存取物品最方便、使用频率最多的区域，也是人的视线最易看到的视域；第二区域，从地面至人站立时手臂下垂指尖的垂直距离，即603mm以下的区域，该区域存储不便，需蹲下操作，一般存放较重而不常用的物品。第三区域，若需扩大储存空间，节约占地面积，可设置1870mm以上的区域，一般可存放较轻的过季性物品。

对于第一区域和第二区域的贮存空间又可进一步划分区域，如图4-4-2所示。

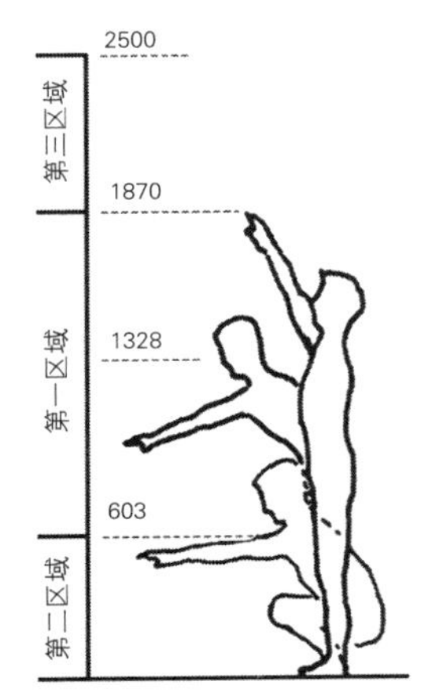

图4-4-1　贮藏性家具的高度三个区域（单位：mm）

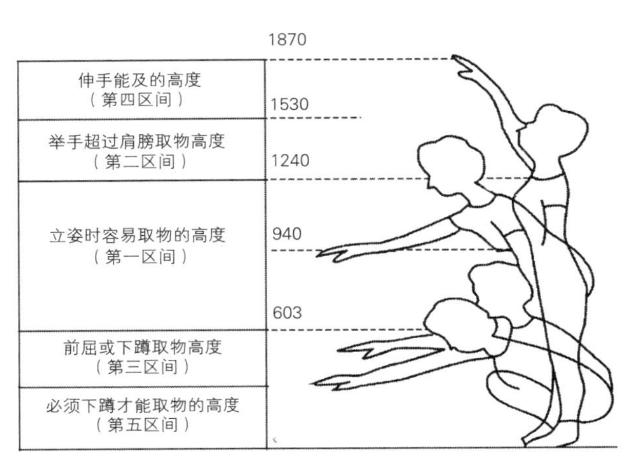

图4-4-2　第一区域和第二区域的贮存空间细分（单位：mm）

4.1 衣柜功能尺寸设计

在衣柜设计中主要以人体的基本尺度为依据，同时考虑存放物品的尺寸和人体平均高度及活动的尺度范围，以及性别因素的影响。衣橱的高度是按照服装长度的上限1400mm，加挂衣棍距顶的距离、衣架高尺寸和应留空间，再加底座高度，一般确定为1800~2000mm，特殊情况下也不宜超过2200mm。根据人们在操作中的适宜度，我们将衣柜设计中所用到的基本尺寸总结在表4-4-1当中。

表4-4-1　衣柜的基本尺寸　（单位：mm）

类别	挂衣空间宽	柜内空间深		挂衣棍上沿至顶板内面距离	挂衣棍上沿至底板内面距离		衣镜上缘离地面高	顶层抽屉屉面上缘离地面高	底层抽屉屉面下缘离地面高	抽屉深度	离地净高	
		挂衣空间深	折叠衣物空间深		挂长外衣	挂短外衣					亮脚	包脚
取值范围	≥530	≥530	≤450	≥580	≥1400	≥900	≤1250	≤1250	≥50	≥400	≥100	≥50

如果是附有穿衣镜的衣柜，尚需考虑穿衣镜的高度。

如图4-4-3和表4-4-1所示，在设计衣柜时一定要注意衣柜的功能尺寸要合理，柜体的深度要考虑存放物品的尺寸和取放物品的伸够距离。衣柜的深度主要考虑人的肩宽因素，柜体的深度按人体平均肩宽再加上适当的空间而定，但深度最好不超过上臂的长度。国家标准规定衣柜的深度大于530mm。衣柜的深度如果太浅，则只有斜挂才能关上柜门。

衣柜类的高度方面，我国国家标准规定，挂衣架上沿至柜板的距离过大，则会浪费空间，过小，则放不进挂衣架，所以我们一般确定为40～60mm。大衣柜挂衣架的高度要求与人站立时上肢能方便到达的高度为准。衣柜空间中挂大衣的空间高度不得小于1400mm；挂短衣的空间不得小于900mm。柜的底部应作出容脚空间。亮角产品底部距离地面净高（H_3）不小于100mm。围板式底角产品的柜体底面距离地面高（H_3）不小于50mm。如表4-4-1所示。

衣柜中常设有抽屉，抽屉的宽度和深度是按衣服折叠后的尺寸来定的，一般单衣折叠后的尺寸为200～240mm；同时再考虑柜体在造型和比例上的需要，以及抽屉本身在抽出和推进过程中的要求，确定抽屉的高度。为了使抽屉能达到标准化生产，也可以将抽屉按功能编排成系列。

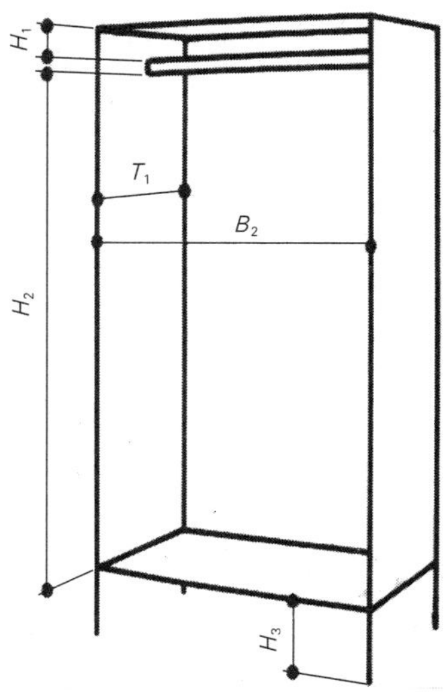

图4-4-3　衣柜设计示意图

4.2 厨柜功能尺寸设计

在橱柜设计中也越来越注重运用人体工程学的原理，使餐具存取自如。厨房上方做一排长长的吊柜，地面靠墙处造一组底柜，中间配置组合式餐具，所有管道均被巧妙地暗藏、附设于吊顶及底柜内部。随着人们生活水平的不断提高，厨房用具也越来越多，如冰箱、煤气灶、消毒柜等，因此橱柜的尺寸设计中还需要充分考虑各种用具的尺寸。

对于橱柜的高度、宽度和深度的确定，应依据通过实测、统计、分析等得到的人体舒适数据来进行，如操作台高度的确定。事实上，人在切菜、备餐时如果一直弯腰，极易疲劳，但如果驾着胳膊去工作，也不舒服。研究表明，人在切菜时，上臂和前臂应呈一定夹角，这样可以最大程度地调动身体力量，双手也可相互配合地工作。在抽样调查中，不同身高的人去体验菜案的高度，得出了表4-4-2所列的数据。

表4-4-2　不同身高的人与最舒适操作高度　　（单位：cm）

身高	150	153	155	158	160	163	165	168	170
最舒适操作高度	79	80	81.5	83	84	85.7	86.5	88	89

由表4-4-2可知，身高相差5cm，最舒适操作高度一般相差2.5cm左右，在确定放置炉灶的工作台高度时，要减去炉灶的高度10～11cm。

人手伸直后肩到拇指梢的距离，女性为65cm，男性为74cm，在距身体53cm的范围内取物工作较为轻松。又因为排油烟效果较好的深罩式机壳的纵深已达53cm，台面过窄会影响抽烟率。这些因素决定了厨房操作台面的深度一般在60cm左右。

人在站立操作时所占的宽度女性为66cm，男性为70cm，但从人的心理需要来说，必须将其增大一定的尺寸。根据手臂与身体左右夹角呈15度角工作较轻松的原则，厨房主要案台操作面宽度应以至少保证宽76cm为宜。

在吊柜的设计上，还要考虑吊柜的厚度、安装的高度，避免造成撞头的危险。

总的来说，现代的厨房家具也开始趋向配套化、规格化。市场竞争使得家具的设计更加合理、舒适，更加体现以人为本的设计。那么，社会越是发展进步，人的本身也越受重视，人体工程学也越有可能得以发展和运用。运用人体工程学的原理对产品进行设计无疑是进步的一个标志。我们将厨柜的功能尺寸设计归纳为图4-4-4和图4-4-5。

4.3 书柜功能尺寸设计

书柜的搁板间距，按多数书籍的高度进行分层，层间高通常按书本上限再留20～30mm的空隙，以便取书和通风。目前发行的图书尺寸规格，一般为16开本或32开本（图4-4-6），因此书柜的间层高通常分为两种，即230mm和310mm。国家标准规定搁板的层间高度应不小于230mm。小于这个尺寸，就放不进去32开本的普通书籍。考虑到

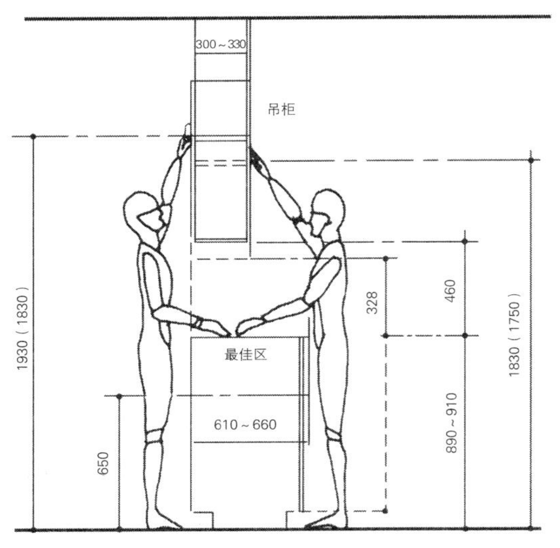

图4-4-4　下面有或无柜式案台时人能够达到的最大高度比较
括号内为女性值

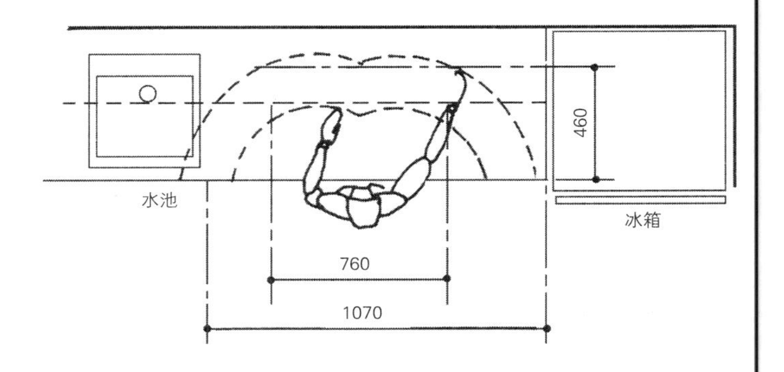

图4-4-5　案台、水池、冰箱直线布置

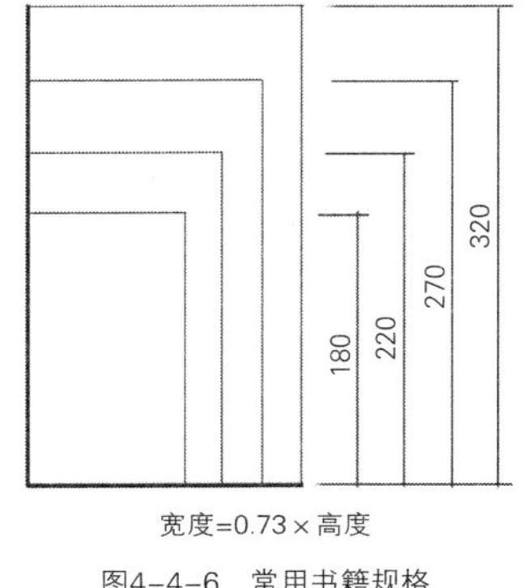

图4-4-6　常用书籍规格

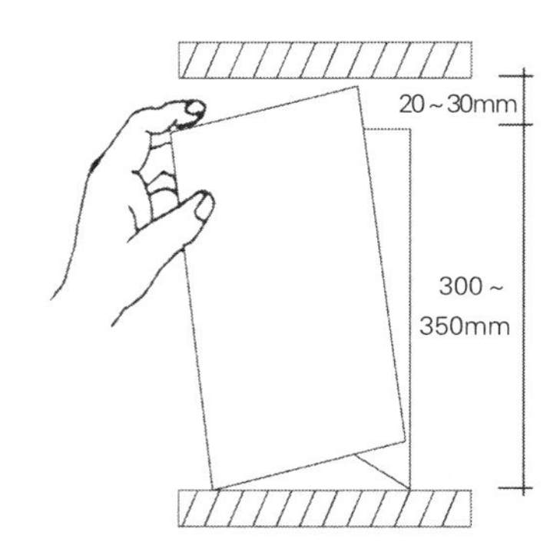

图4-4-7　书架搁板最小空间高度

摆放杂志、影集等规格较大的物品，各层间高一般选择300～350mm，这样能兼顾不同书籍的存放，较为合理（图4-4-7）。

思考与练习

1. 工作面高度设计主要应考虑哪些因素?
2. 座椅设计需要考虑哪些因素?
3. 对睡眠产生影响的因素有哪些?
4. 贮藏性家具的高度可分为哪三个区域?

第五章　人体工程学与室内空间设计

教学目的

本章节让学生在学习过程中深入了解人体工程学在室内设计中的运用，提高设计的水平和可行性。

章节重点

行为对室内空间分布、空间尺度和环境设计的影响及应用。

人体工程学作为一门新兴学科，与室内环境设计有着密不可分的关系，其基本原理可以应用于建筑空间设计的各个方面，并且影响到室内空间及家具、设备使用上的方便和安全。在今天，随着我国建筑设计及室内环境艺术水平的不断提高，人体工程学的应用，将会向一定的深度和广度延伸。

第一节　人体工程学与居住空间设计

1.1 人体工程学与室内空间尺度

在居住空间设计中，我们一般会将人体的静态尺寸、动态尺寸、心理空间及人际交往空间等因素，作为确定室内空间范围的主要依据。由于不同人体的身高可能有所不同，男女人体的尺寸通常在一定幅度内变化。如在起居室、卧室、书房的空间设计中，考虑不同的人体尺度及各种起居活动的需要，采用的尺寸也应有一定的调整幅度。

1.1.1 依据人体的动态尺寸

在居住空间中所考虑的室内净高尺寸不宜小于2.40m。对于起居室来说，如果空间稍大一点，就显得空间很压抑，即使达到2.40m，按照人们的习惯也觉得室内净空太低，因此我国住宅规范确定住宅层高为2.80m，实际净空高2.65m。根据人体活动的动态尺寸确定住宅室内空间常用尺度范围见表5-1-1。

表5-1-1　住宅室内空间常用尺寸范围　（单位：mm）

房间名称	开间	进深	层高	备注
主卧室	3300～3900	3900～5100	2500～2800	所示房间平面尺寸均为轴线尺寸
次卧室	3000～3600	2700～4200	2500～2800	
书房（工作室）	2400～3300	2700～3600	2500～2800	
起居室（客厅）	3300～4800	3900～5700	2500～2800	
厨房	2100～3000	2100～3000	2500～2800	
卫生间	1800～2700	2100～3000	2500～2800	

1.1.2 依据较高人体的动态尺寸

通常根据较高人体的高度考虑所需空间尺度，如上下楼梯段的净高、门洞高度、床的长度等，此时可采用男性人体身高上限1.94m，另加鞋底厚度2cm，合计1.96m，所设计的门扇净高一般为2m。

1.1.3 依据较低人体尺寸

根据较低人体的高度考虑所需局部空间及部分家具的尺度，如楼梯的踏步、碗柜、搁板、操作台、案板的高度等，此时可采用女性人体平均身高1.56m，另加鞋底厚度2cm，合计1.58m来考虑。

1.1.4 依据人体的平均尺寸

一般室内空间的尺度设计，按男女成年人的平均身高1.67m和1.56m来考虑，另加鞋底厚度2cm。

以上为设计者的分析计算方法，而在实际工作中习惯按照额定标准确定房间尺寸，详见图5-1-1至图5-1-5。

1.2 人体工程学与室内物理环境

随着我国物质和精神生活水平的不断提高，人们越来越注重生活质量的同步提升，特别是室内物理环境的质量改善，更需要采用人体工程学的研究方法进行改善。通常室内物理环境包括视觉环境、声学环境、热工环境、触觉环境和嗅觉环境等。

1.2.1 室内视觉环境

室内视觉环境也称为光环境，涉及室内采光与照明、视觉信息的传递、视觉过程、室内界面色彩等多方面的内容。

（1）水平面内视野角度范围

在人的视野区域内，双目的视野称为双眼视区，也称为综合视区。在水平视区范围内，视点中心30度～60度之内，易于识别颜色；在5度～30度之间，易于识别字母；在10度～20度之内，易于识别字。人眼在水平面内视野角度范围如图5-1-6所示。

（2）铅垂面内的视野角度范围

人眼在铅垂面内的视野角度范围从图5-1-7中可以看出：人在站立时的自然视线为0度～10度；人眼在坐着时的自然视线为0度～15度；人眼观看物体的最佳转动范围为0度～30度的视野范围。

另外，人眼对不同颜色构成的视野感觉也不一样，通常白色给人的视域感觉最大，黄色、蓝色和绿色次之。

1.2.2 室内声学环境

室内声学环境也称为声环境。在音乐厅、影剧院、会议室、录音室对音质要求较高的空间中，良好的音质条件显得非常重要，应该对这些空间进行特殊的声学设计；而对于音质要求一般的起居空间，则主要通过对空间界面的吸声降噪处理，分隔墙及门窗的隔声处理，以及室内家具饰物的布置，来取得较好的音质效果。

室内噪声的度量以噪声级的大小为标准，噪声级的单位称为分贝（dB）。人耳刚刚能听见的最弱声音的强度为0dB，人耳可以忍受的最大噪声为120dB。户外白天噪声超过60dB，夜晚超过50dB，人的听觉会感觉不适。

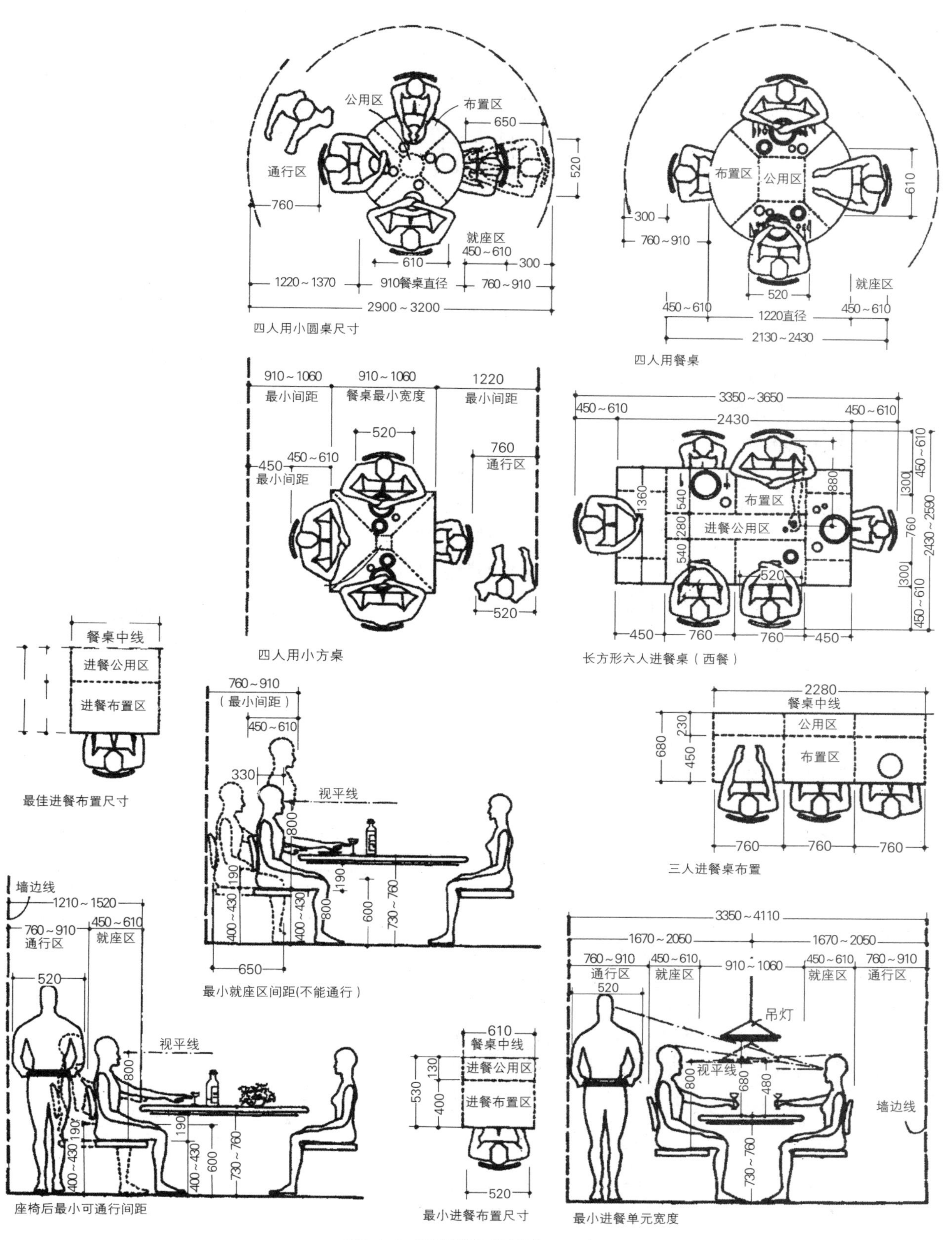

图5-1-1　餐厅空间尺度（单位：mm）

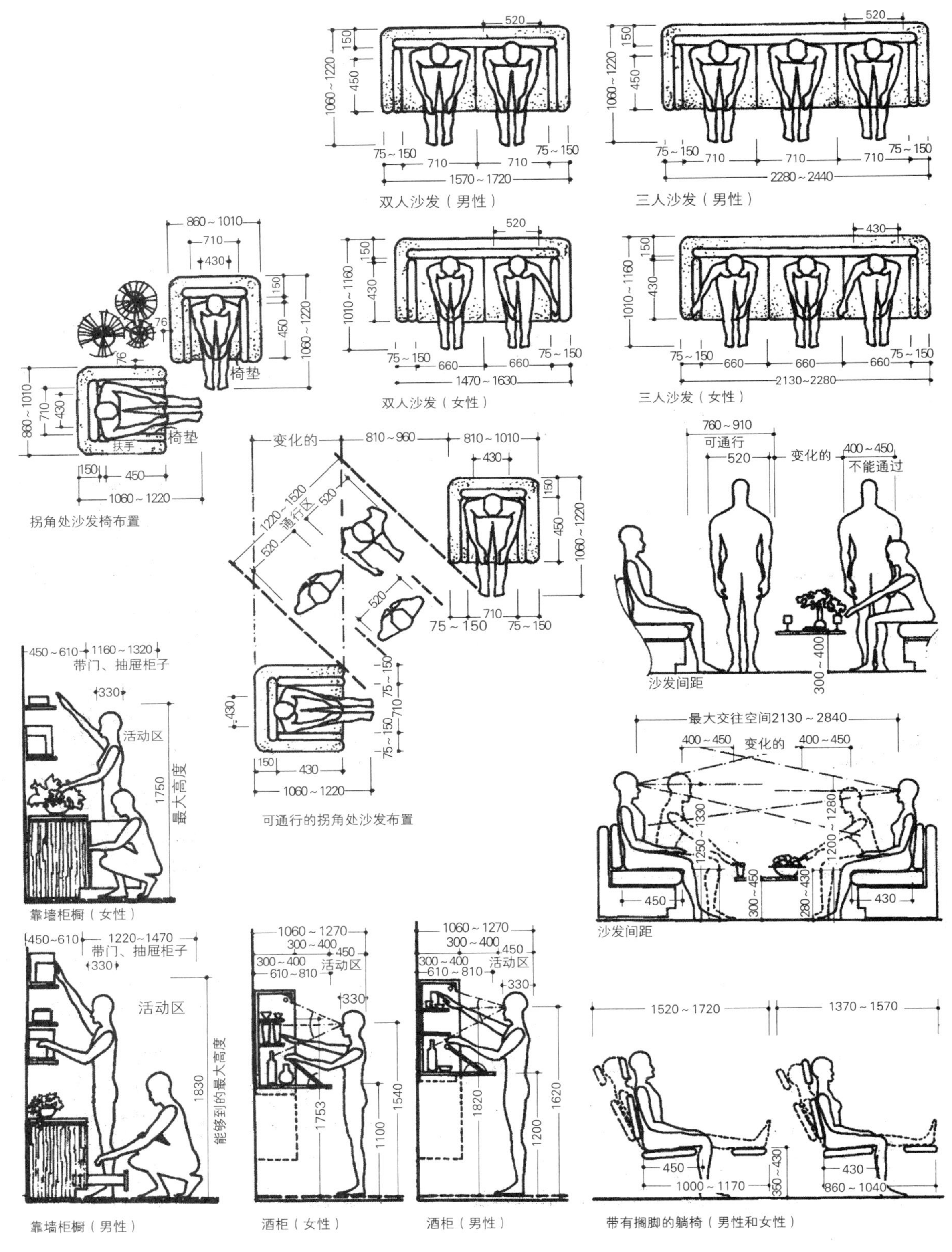

图5-1-2　起居室空间尺度（单位：mm）

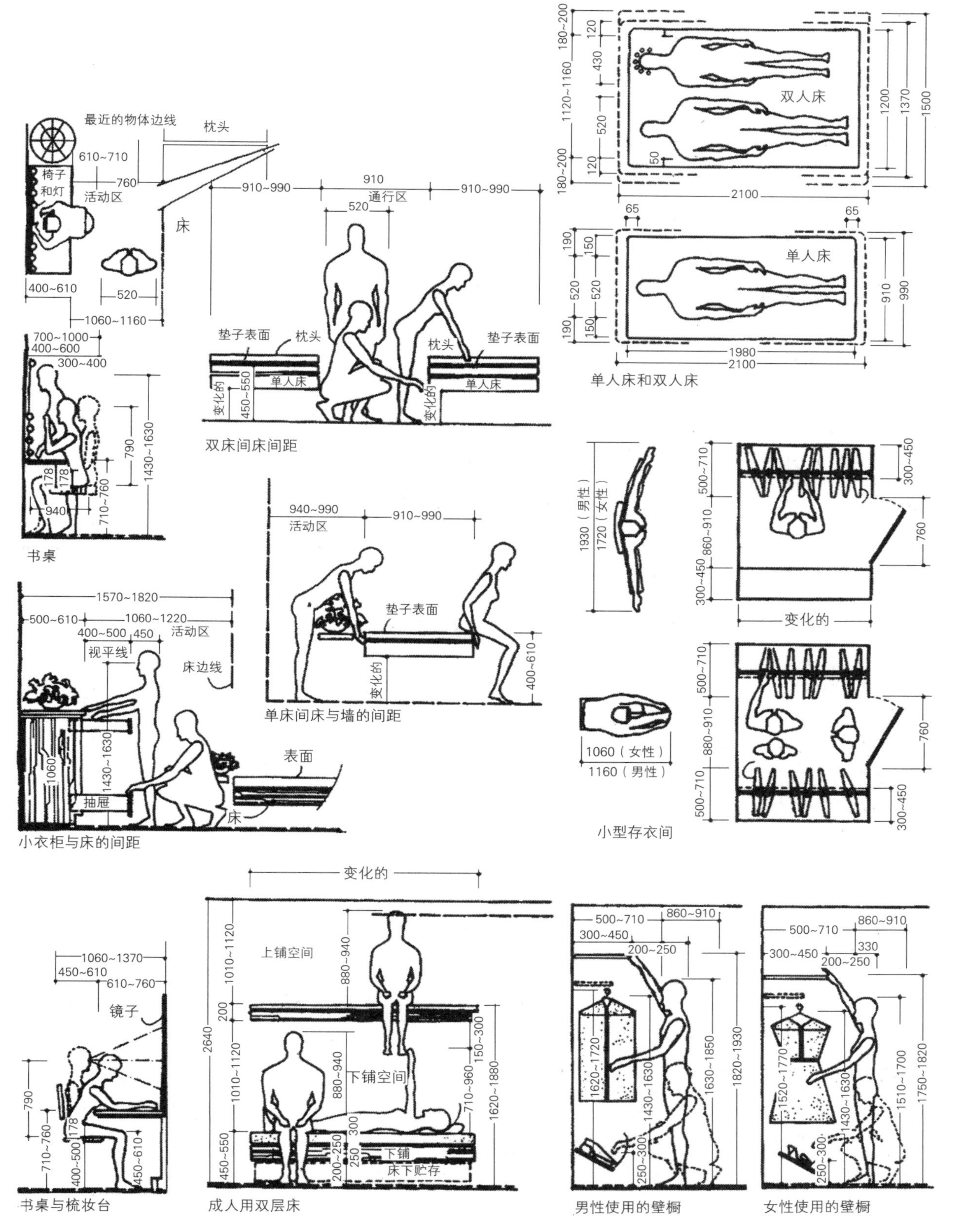

图5-1-3　卧室空间尺度（单位：mm）

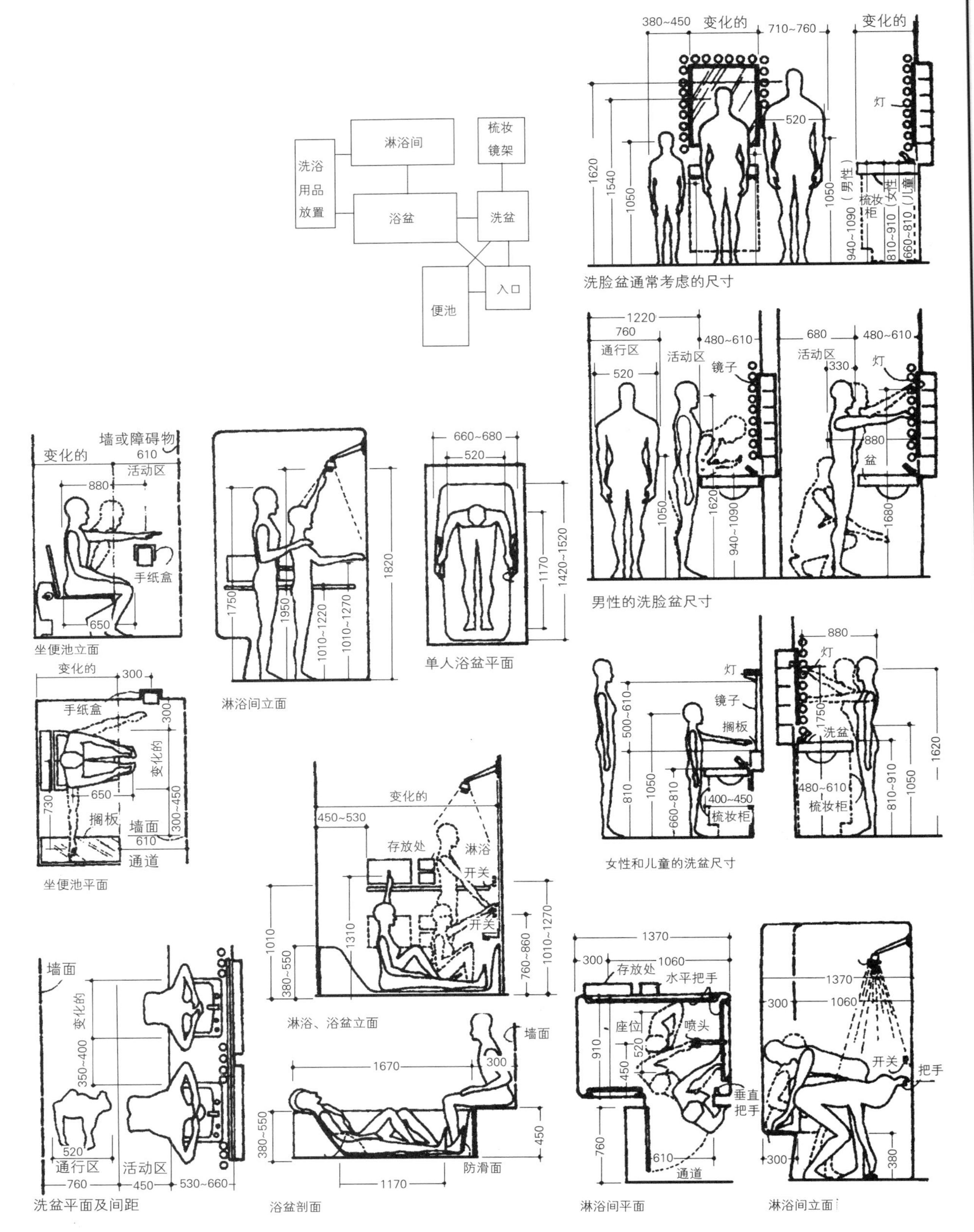

图5-1-4　卫生间空间尺度（单位：mm）

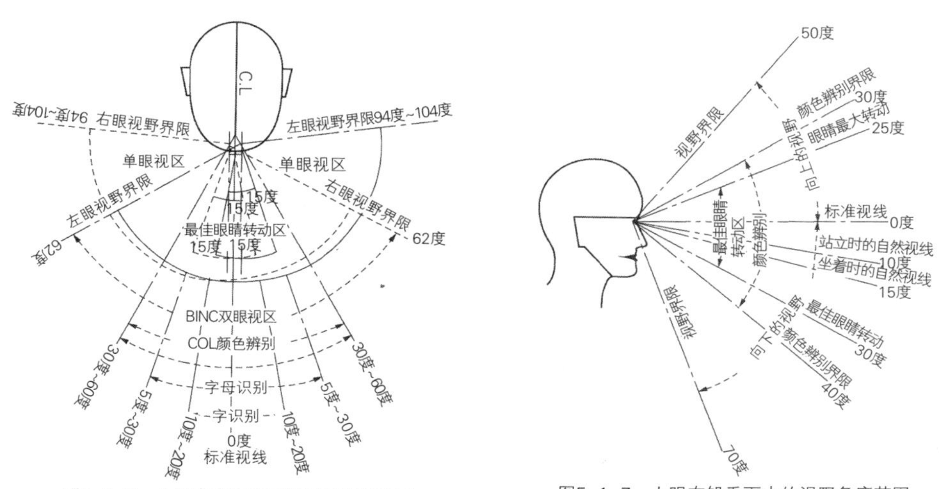

图5-1-6 人眼在水平面内的视野角度范围

图5-1-7 人眼在铅垂面内的视野角度范围

我国《民用建筑隔声设计规范》考虑人体听觉系统，对住宅、学校、医院、旅馆室内允许噪声级的规定，见表5-1-2。

表5-1-2 民用建筑室内允许噪音级（A级） （单位：dB）

建筑类别	房间名称	时间	特殊标准	较高标准	一般标准	最低值
住宅	卧室、书房(或卧室兼起居室)	白天		≤40	≤45	≤50
		夜间		≤30	≤35	≤40
	起居室	白天		≤35	≤40	
		夜间		≤45	≤50	
学校	语音教室、阅览室			≤40		
	普通、合堂、美术、自然、音乐教室、琴房等				≤50	
	健身房、舞蹈教室、实验室、办公室及休息室					≤55
医院	听力测试室			≤25		≤30
	病房、医护人员休息室	白天		≤40	≤45	≤50
		夜间		≤30	≤35	≤40
	手术室				≤45	≤50
	门诊室				≤55	≤60
酒店	客房	白天	≤35	≤40	≤45	≤50
		夜间	≤25	≤30	≤35	≤40
	会议室		≤40	≤45	≤50	
	多用途大厅		≤40	≤45	≤55	
	办公室		≤45	≤50	≤55	
	餐厅、宴会厅	≤50	≤55	≤60		

对于室外噪音的影响，可通过门窗的隔音密闭处理加以解决。对于卫生间管道的噪音，可通过对管道的隔音处理（包括吸音棉毡、外加铝箔）加以解决。

在某些商业空间增加背景音乐有利于工作环境的改善，节奏轻快、平缓的音乐确实能提高工作效率，音乐为人们提供了一个轻松愉悦的生活氛围。

1.2.3 室内热工环境

室内热工环境也称为热环境。人体对室内的热工环境有比较明显的适应关系。人体的正常体温在36.5℃左右，室内环境温度的舒适性要求随季节而发生变换，通常冬季和夏季的室内适应温度分别为18℃和25℃左右。当环境温度低于或高于这些室温的适应温度时，人体的皮肤就要进行相应的吸热或放热，可通过增加或减少衣服来调节皮肤的舒适感，同时还可通过供暖或空调措施，调节室内的环境温度。

1.2.4 室内触觉环境

人体皮肤及四肢具有较灵敏的触觉，有许多感觉神经，能感知周围环境温度、湿度的变化。如温度高时，皮肤能出汗散热；室温低时，则皮肤受冷收缩。

所以，在室内环境设计中，经常与人体接触的界面，人们喜欢采用质地柔和的材料，以获得一种舒适温暖的感觉。如木质家具、木栏杆、木地板、木装修界面，能给人一种温暖的触觉感受；布艺、真皮、软包等质感柔和的材料，由于触感上的舒适感觉，也受到了人们的欢迎。

而对于盲人等生理有残疾的弱势群体，室内空间界面的人性化设计能够帮助他们辨别空间位置并解决行走导向等现实问题。

1.2.5 室内嗅觉环境

室内嗅觉环境是室内环境设计中的一个组成部分，良好清新的流通空气能使人感到心情愉快，各种不同的香味能使人产生不同的心理感受，并可以调解人们的情绪。

目前的部分室内装饰装修材料含有一定的有害物质，使得某些室内空气中含有对人体有害的气体，影响了住户的身体健康，污染了室内空气。如甲醛、苯、氡、氨等有害气体，特别是在某些人造板材（细木工板、密度板、强化复合地板等）、胶黏剂、油漆中含有的甲醛气味（甲醛释放环境温度≥19摄氏度，释放时间3～15年），对人的呼吸嗅觉系统的刺激较大，能使人感到头晕、恶心等。另外厨房中的二氧化碳、油烟气，卫生间内的气味等（排水地漏内应蓄水，通过水封作用可阻隔异味上升），对室内空气质量的影响也较大。因此，要首先解决好房间的通风换气问题，通过开窗通风或机械排风，使有害气体迅速排出室外。应注意材料质量的选材把关，选择使用环保装修材料，所选用装修材料应该符合国家标准GB50325—2001《民用建筑工程室内环境污染控制规范》中的相应规定。

1.3 人体工程学与卫生间洗浴设施

一般住宅内的卫生间，空间不大，但需要布置各种卫生洗浴设备，以解决人们各种日常的洗浴、化妆及排泄活动。应该从人体工程学的角度出发，进行卫生间内的环境设计，使人们最大限度地感受到使用上的舒适和方便。

1.3.1 卫生间内的常用设备设置

通常卫生间内布置的各种卫生洗浴设备有：洗脸盆、坐式便器、浴盆或淋浴器等。

各卫生洁具的安装尺寸应考虑不同人体尺寸（男性、女性、儿童）的需要。如洗手盆台面安装高度与人体尺度关系如图5-1-8所示。较为适宜的的洗手盆台面安装高度范围为76～94cm（可开发能够调节高度的洗手盆），洗手盆台面宽度为50～60cm。

淋浴器的尺寸同人体的尺度关系如图5-1-9所示。淋浴喷头（可采用软管喷头）高度宜采用170～180cm，且可以调节高度。浴盆的喷头高度应使坐在浴盆内能方便使用。墙面设置壁龛或毛巾托架的适宜高度为100cm左右。

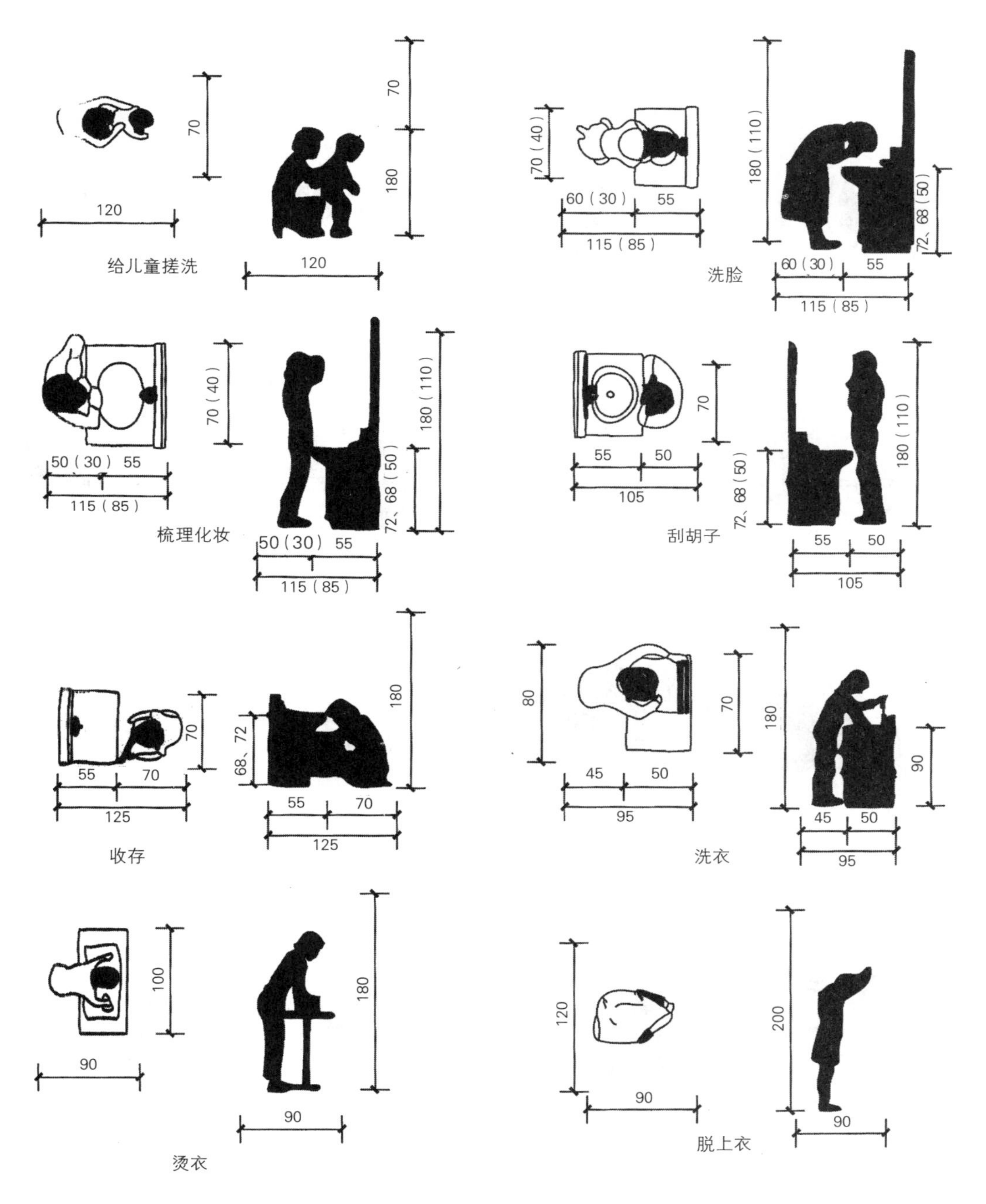

图5-1-8　洗手盆台安装高度与人体尺度关系（单位：cm）
注：（ ）内为儿童使用时的数据

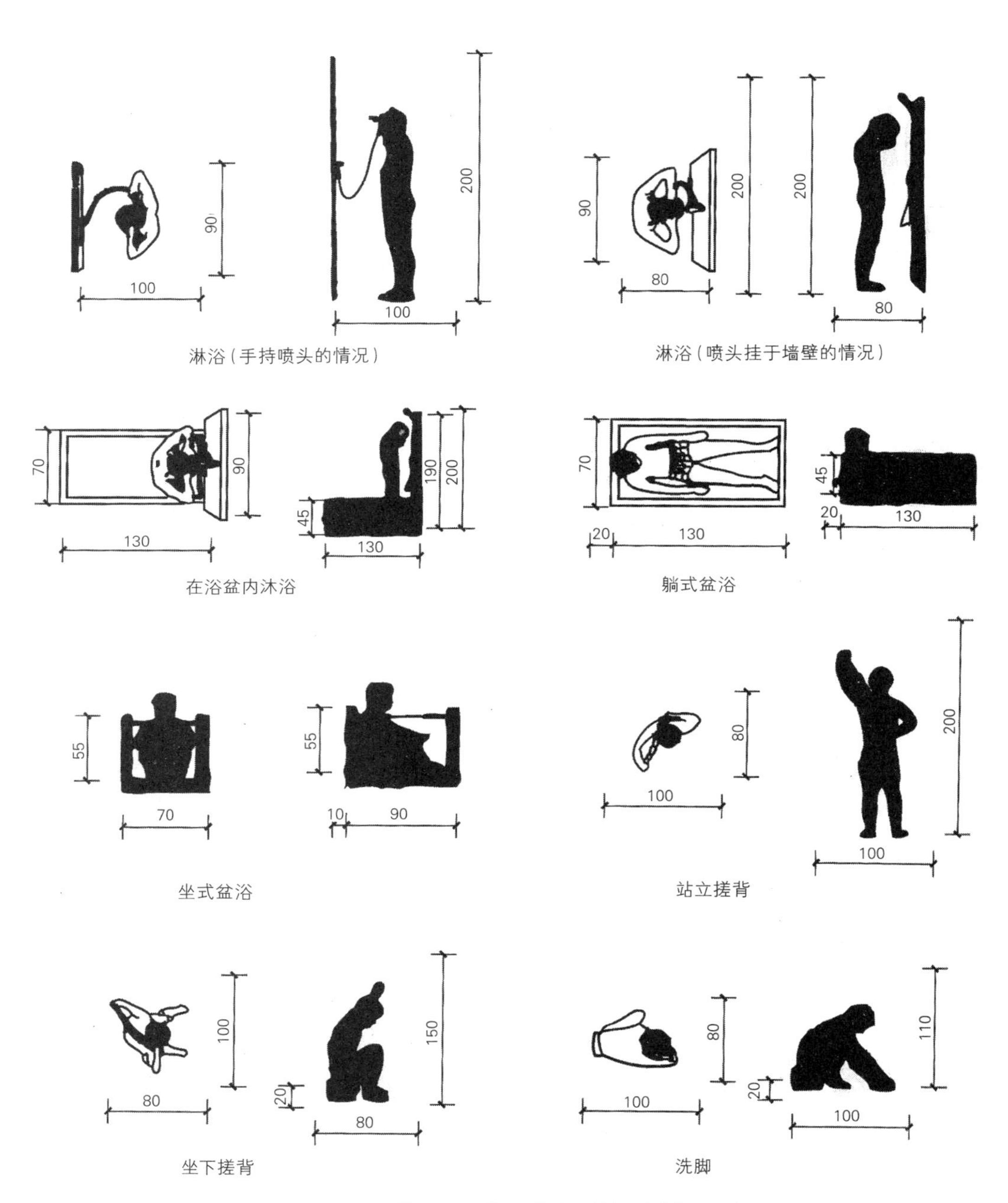

图5-1-9　浴盆和淋浴器的尺寸同人体的尺度关系（单位：cm）

便器（坐便器、蹲便器、小便器）尺寸同人体的尺度关系如图5-1-10所示；防水手纸盒距地面高度为80～90cm。条件许可时，可采用有自动冲洗、消毒、调控水温功能的智能型坐式便器。

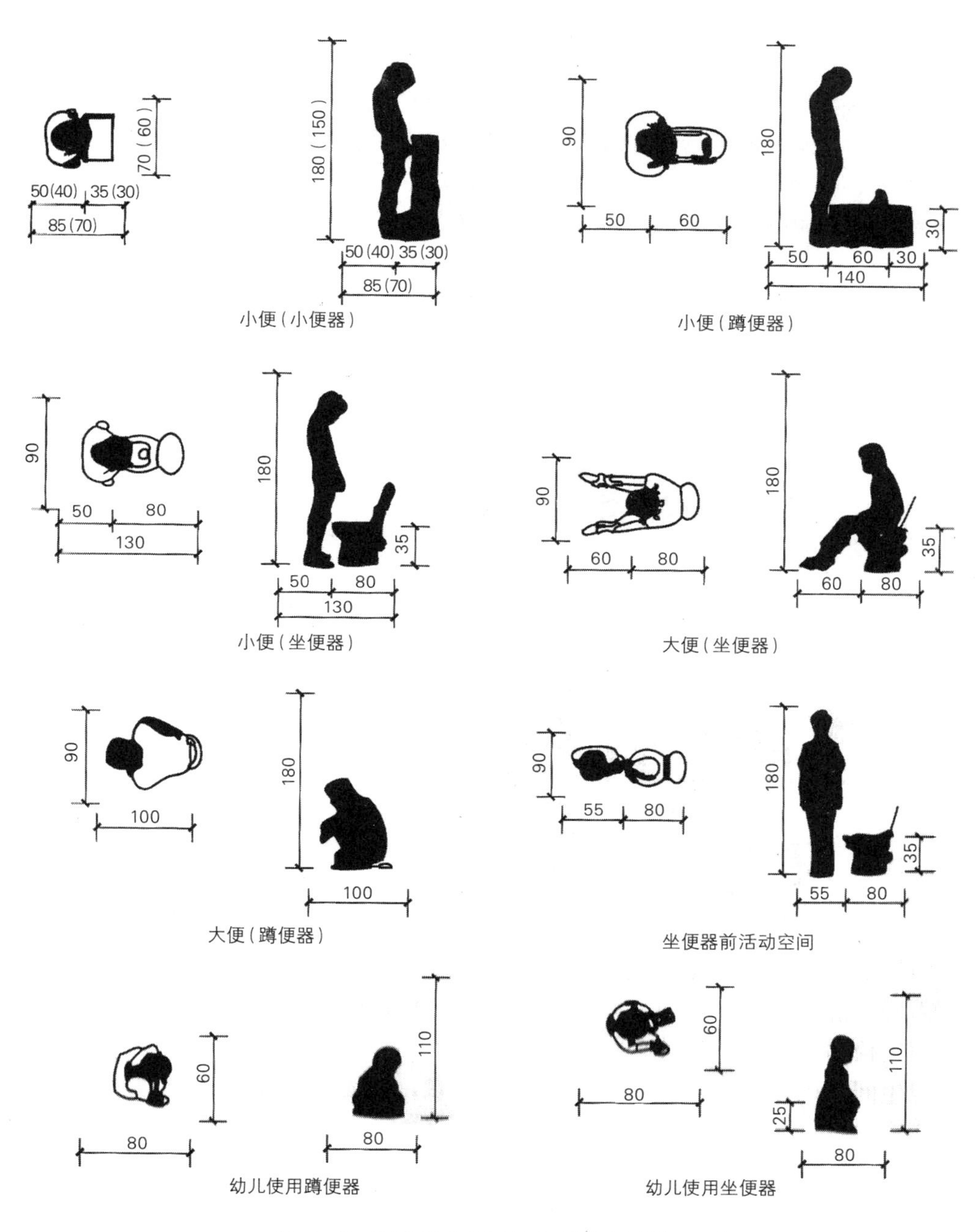

图5-1-10 坐便器的尺寸同人体的尺度关系（单位：cm）
注：（ ）内为儿童使用时的数据

1.3.2 卫生间地面的防滑处理

卫生间地面应进行防滑处理，特别是在淋浴区地面，易使人脚滑跌倒，所以地面可铺设防滑橡胶地毯、防滑地砖或麻面花岗石板，同时在墙面设置不锈钢扶手（高100cm左右）。

1.3.3 考虑残疾人的使用要求

考虑残疾人使用卫生间的需求，其使用卫生洁具需完成比常人复杂得多的动作。从人体功效学及人性化角度出发，需设置一些必要的辅助使用装置，如扶手、支撑、地面防滑处理、引导信号装置（供盲人使用）等。设置残疾人专用卫生间同时应考虑使用轮椅的空间尺寸需要，能方便其进出卫生间，使用卫生洁具，构成一个使用效果良好的人性场所。残疾人使用轮椅需要的空间尺寸，如图5-1-11所示。

专用卫生间室内设施应满足无障碍设计的要求，残疾人专用无障碍卫生间内景如图5-1-11所示。

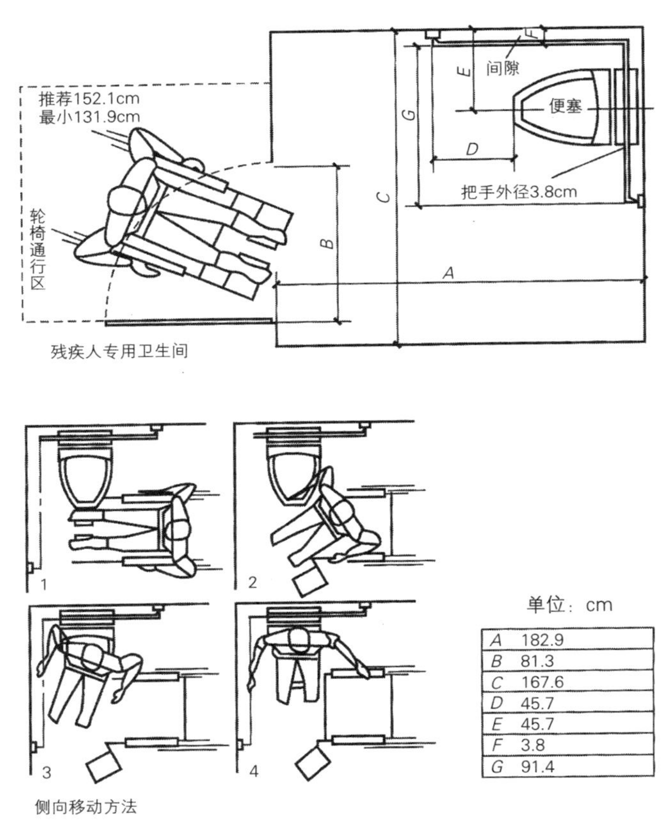

A	182.9
B	81.3
C	167.6
D	45.7
E	45.7
F	3.8
G	91.4

图5-1-11　残疾人使用轮椅需要的卫生间空间尺寸

1.4 人体工程学与厨房设施

厨房内的设施尺寸与人体尺寸关系非常密切，从使用和人体工程学的角度出发，厨房设施的尺寸关系到人体使用厨房设备的方便舒适和安全。厨房内的常用设施有：橱柜、洗涤池、吊柜、炉灶、油烟机、冰箱、烤箱、微波炉、洗碗机等。考虑我国大多数人的人体尺寸，通常操作案台、炉灶台面与洗涤池高度为80～90cm；台面宽度为50～60cm；厨房内的设施详细尺寸与人体尺度关系，如图5-1-12所示。

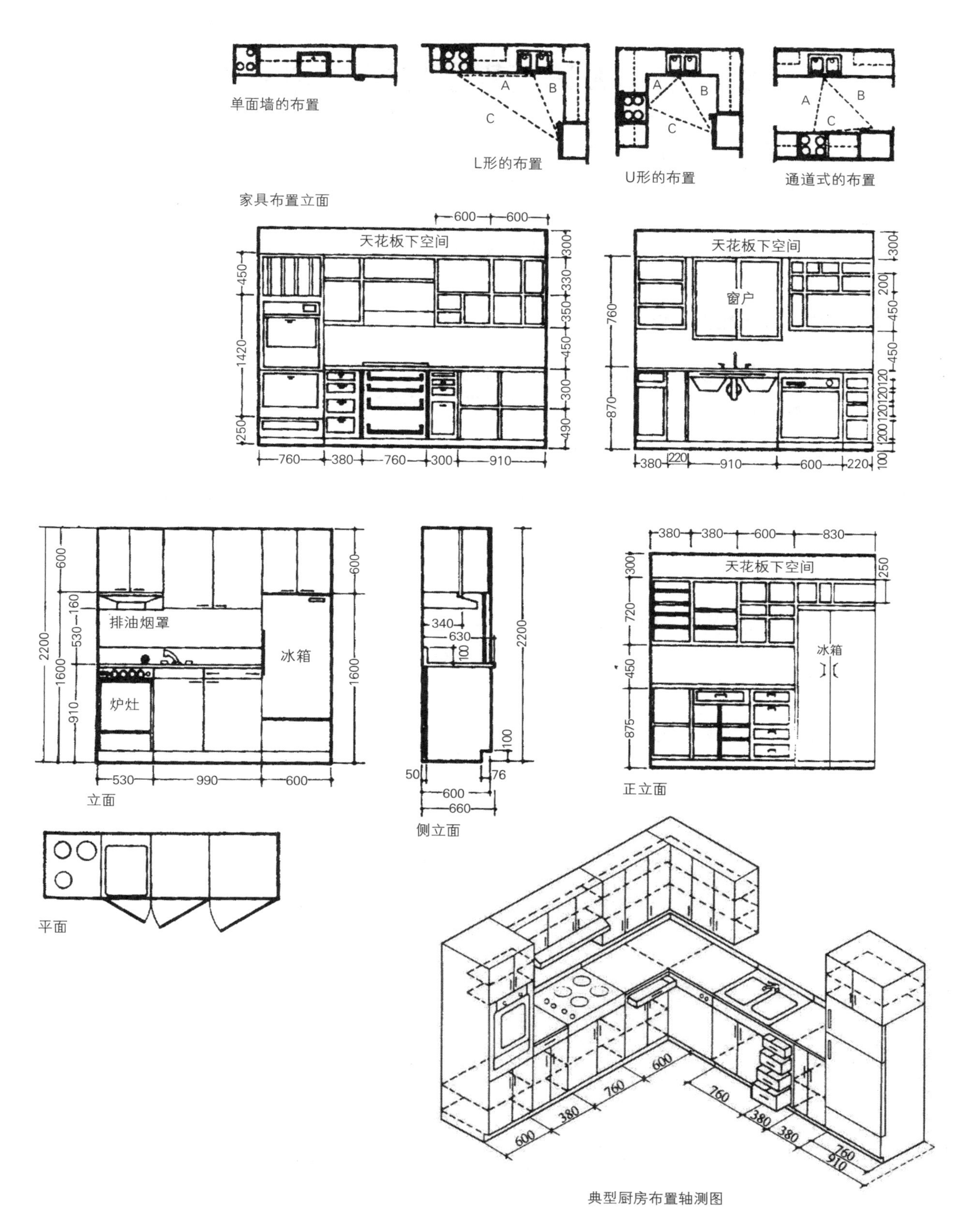

图5-1-12 常见厨房设备尺寸（单位：mm）

第二节　人体工程学与展示空间设计

“展示”一词源于英文“Display”，“展”与“示”在中文有展开、打开和演示、明示、告示之意，国际上普遍使用的概念是“Display Design”，即展示设计。展示是表示展现之类的状态行为，即在时间和空间的限定内，运用艺术设计语言，通过对空间与平面的精确创造，使其产生独特的空间氛围。它不仅含有解释展品、宣传主题的意图，也使观众参与其中，达到完美沟通的目的，这样的空间形式，我们一般称之为展示空间。

2.1 人体工程学与展示空间尺度

环境空间和机具尺度的确定，都是以人体总高度和肢体某些局部的尺度作为依据和标准的，否则，就会给人类的生活、工作、交往和参观等造成极大的不便，甚至对人造成不应有的伤害。展示设计中的尺度有以下几个主要内容。

2.1.1 展厅的净高

展厅净高应不小于4m，过低会使观众压抑、憋闷。展厅最高有8～10m，甚至更高，适合大型国际博览会的展示需要。

2.1.2 陈列密度

展示空间中，展品与道具所占的面积，以占场地与墙面的40%最佳，占50%也可以。但如果超过60%时，就会显得拥挤、堵塞。特别是当展品与道具体形庞大时，陈列密度必须要小。否则，会对观众心理造成压迫感和紧张感，极不利于参观，特别是当观众较多时，会引发堵塞和事故。

2.1.3 设计合理的展柜、展板、观展距离

设计合理的展柜、展板、观展距离，如图5-2-1至图5-2-3所示。

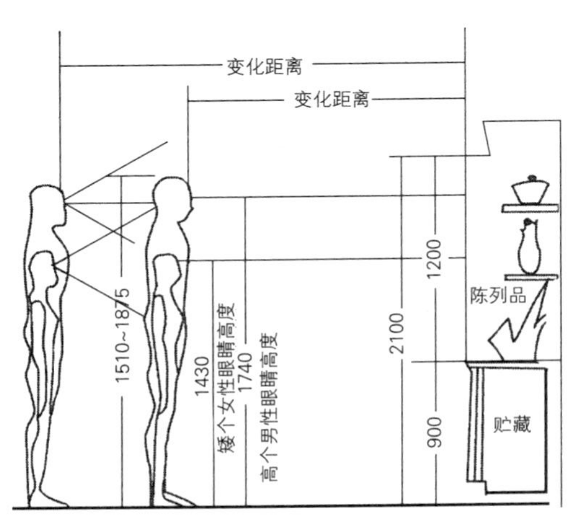

图5-2-1　展柜陈列尺寸（单位：mm）

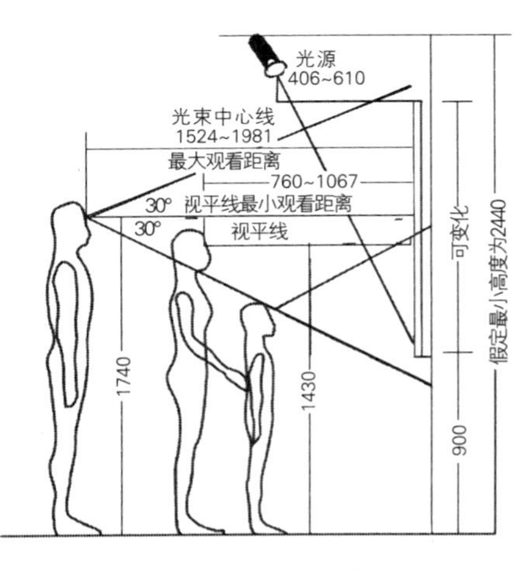

图5-2-2　展板陈列尺度（单位：mm）

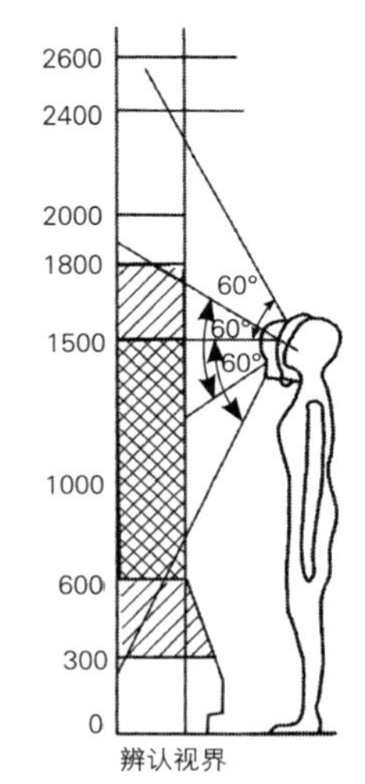

图5-2-3　展品陈列尺寸（单位：mm）

2.2 人体工程学与展示环境

2.2.1 展示空间的色彩心理

一般来说，人们在探讨色彩时都从色调、色彩对比和光色效果这几方面入手。我们沿用这一方法，再从人体工程学的角度、运用色彩的原理从人的视觉、心理和文化方面去感知、展示设计。

展示空间环境的设计创造，其目的是将一定量的信息内容告示公众，从而对观众的心理、思想与行为产生有意识或潜在的影响。色彩的直接心理效应来自色彩的物理光刺激对人的生理发生的直接影响。心理学家对此曾做过许多试验。他们发现在红色环境中，人的脉搏会加快，血压有所升高，情绪兴奋冲动。而处在蓝色环境中，脉搏会减缓，情绪也较沉静。有的科学家发现，颜色能影响脑电波，脑电波对红色的反应是警觉，对蓝色的反应是放松。自19世纪中叶以后，心理学已从哲学转入科学的范畴，心理学家注重实验所验证的色彩心理的效果。

不少色彩理论中都对此作过专门的介绍，明确地肯定了色彩对人心理的影响。冷色与暖色是依据心理错觉对色彩的物理性的分类。对于颜色的物性印象，大致有冷、暖两个色系产生。波长长的红光和橙黄色光，照射到任何色上都会产生暖和感。相反，波长短的紫色光、蓝色光、绿色光，有寒冷的感觉。夏日，我们关掉室内的白炽灯，打开日光灯，就会有一种变凉的感觉。颜色也是如此，在冷冻食品或冷的饮料包装上使用冷色，视觉上会引起你对这些食物冰凉的感觉。冬日，把卧室的窗帘换成暖色，就会增加室内的暖和感。

冷色与暖色除了给我们温度上的不同感觉以外，还会带来其他的一些感受，例如，重量感、湿度感等。比方说，暖色偏重，冷色偏轻；暖色有密度强的感觉，冷色有稀薄的感觉。两者相比较，冷色的透明感更强，暖色则透明感较弱；冷色显得湿润，暖色显得干燥；冷色有遥远的感觉，暖色则有迫近感。

一般说来，在展示设计中，一个狭窄的空间，若想使它变得宽敞，应该使用明亮的冷调。由于暖色有前进感，冷色有后退感，因此，可在细长空间中的两壁涂以暖色，近处的两壁涂以冷色，空间就会从心理上感到更接近方形。反之，若想将空间变得更细长，则在两壁涂以明亮的冷色，近处两壁涂以较暗的暖色。

2.2.2 展示空间的视觉影响

对人体工程学中的视觉影响我们可以从两个方面进行介绍：视觉机能与视觉特征。

（1）视觉机能

视觉机能包括视角、视野、视距、中央视觉与周围视觉。在色彩上，中间核心部分与四周次要部分形成鲜明对比，在展示中起到强化和刺激的作用。人的视网膜又具有很强的辨色能力，根据有关试验结果表明人眼对白色的视野最大，对于黄色、蓝色、红色的视野依次减小。在展示设计中利用这一特点反其道而行之，可以起到凸显和冲击作用。例如，将展厅以白色调为基本色调，通过红黄蓝等鲜艳颜色突出重点的展区和展品。

（2）视觉特征

视觉特征包括视觉的运动规律、视区的分布和错视觉。

① 视觉的运动规律。

在展示设计中应注意一些基本的视觉运动规律。

A.眼视线的变化习惯于从左到右、从上到下和顺时针方向运动，因此，展示内容的次序排列也应该适应人的视觉运动特征。平面布局次序通常按顺时针方向组织。

B.水平方向运动比沿垂直方向运动快而且不易疲劳。一般先看到水平方向的物体，后看到垂直方向的物体。

C.眼球上下运动比左右运动容易产生疲劳。

D.两眼的运动总是协调的、同步的，在正常情况不可能一只眼睛转动而另一只眼睛不动；一般操作中，不可能一只眼睛视物，另一只眼睛不视物，因而通常都以双眼视野为设计依据。

E.人眼对所视物的直线轮廓比曲线轮廓更容易接受。

F.颜色对比与人眼的辨色能力有一定的关系。当人从远处辨认前方的多种不同颜色时，其易辨认的顺序是红、绿、黄、白，即红色最先被看到，所以停车、危险等信号标志都采用红色。当两种颜色相配在一起时，则易辨认的顺序是：黄底黑字、黑底白字、蓝底白字、白底黑字等。

② 人的视线区域分布。

A.水平方向视区。

中心视角10度以内是最佳视区，人眼的识别力最佳。

人眼在中心视角20度以内是瞬息视区，可在极短的时间内识别物体形象。

人眼在中心视角30度以内是有效视区，需要集中精力才能识别物体。

人眼在中心视角120度以内是最大视区，对处于此视区边缘的物象，需要投入相当的注意力才能识别清晰。人若将其头部转动，最大视区可扩展到220度左右。

B.垂直视区。

人眼的最佳视区在视平线以下10度左右，视平线以下10~30度范围为良好视区，视平线上下60 ~ 70度为最大视区，最优视区与水平方向相似。

③ 错视觉。

当人观察外界物体时，所得的视觉印象与物体实际状态存在差异现象，称为视错觉。视错觉是人们视觉过程中发生的现象。在展示设计中可利用视觉错觉来达到心理上的满足，而避免错觉带来的不良心理反应。如图5-2-4所示，当首先注意的是白色时，黑色则隐到后面成为背景，呈现出的图形是白色的杯子；当把视觉中心移向黑色时，黑色的双人侧面像浮现出来成为图形。这种图底错觉在商业展示空间上表现在很多方面。如图5-2-5的橱窗展示中，可以将太阳眼镜称之为“图”，而把背景看成是“底”，根据太阳眼镜的不同陈列来调整与背景的关系，不仅能增加空间景深而且还能使空间显得“开敞”。

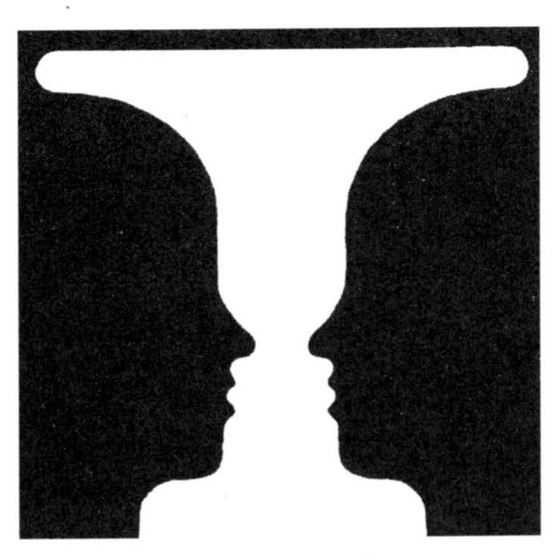

图5-2-4　图底互换

图5-2-5　橱窗展示

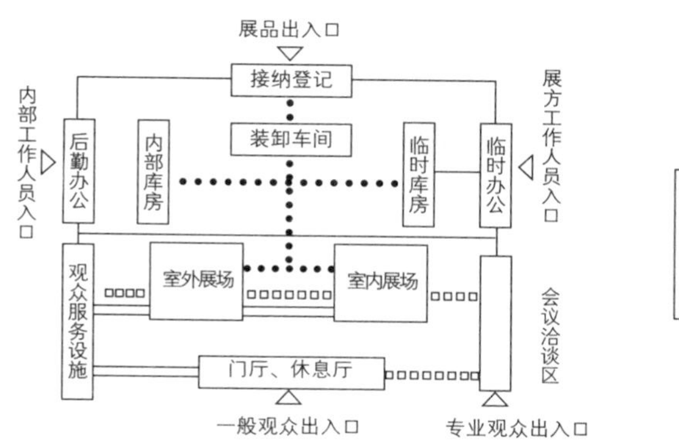

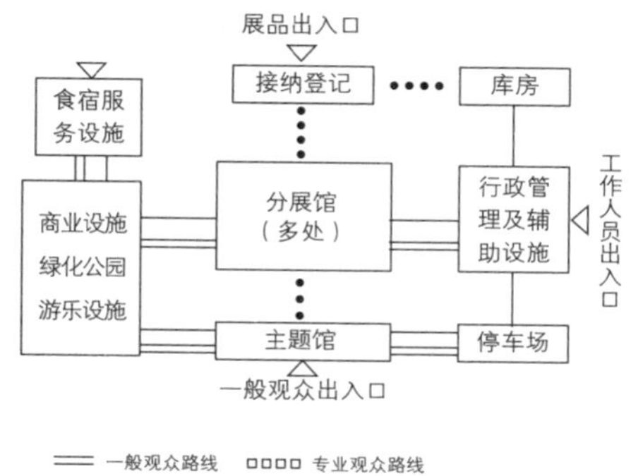

图5-2-6　展览馆功能流线分析图

2.3 展示空间的功能流线

展示流线包括展厅各组成部分相互关系的功能流线与展示空间中观众和工作人员的活动流线。

由于展示性质、内容、规模、方式等的差异，展示空间的组成也各有侧重，但一般包含以下几部分，即展览区、观众服务区、库房区、办公后勤区，其相互关系既有联系又相对独立。如图5-2-6是展览馆功能流线分析图。

这种流线关系就决定了展厅的空间布局，也基本上确定了观众和工作人员的行走路线，以及展览路线的空间位置。各种流线处理恰当，则人流通畅，观展效果好；处理不当，则会发生流线交叉，就会造成人流拥挤和碰撞，致使展厅混乱。

2.4 展示空间的布局特点和平面布置类型

2.4.1 布局特点

展示布局涉及展区方位、展区面积的大小及其与走道面积的比例和布局类型等问题。

（1）展区方位

展区方位是根据整个展览馆的功能流动关系确定的。具体落实到展馆基地上的时候，还要考虑基地环境、交通情况以及相邻建筑的关系等因素，这事关总图设计问题。

在同一展厅中的展区定位，即展览摊位的确定，要看整个展厅的展示内容。相互独立的摊位，则要看其重要程度，确定不同地段和展出次序。对贸易型的展览会，就如同商场一样，每个摊位都想抢占好的“市口”，这就需要协调。对于同一类型的展示，特别是教育型的展示空间，

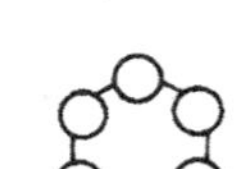
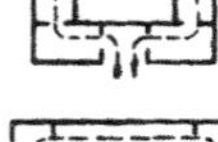
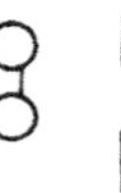
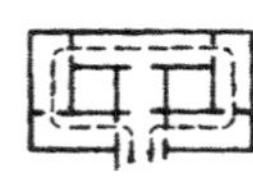
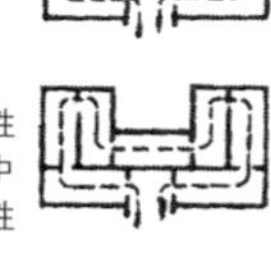
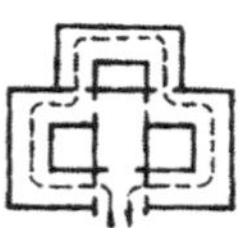
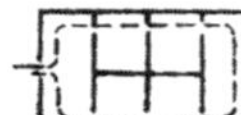

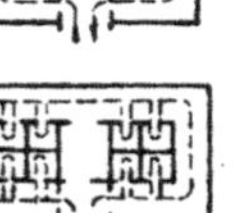
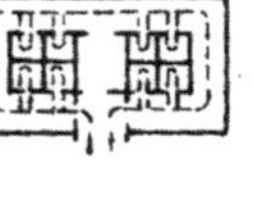
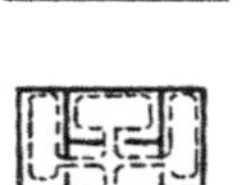
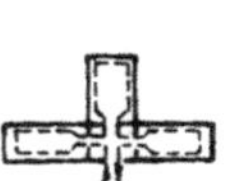
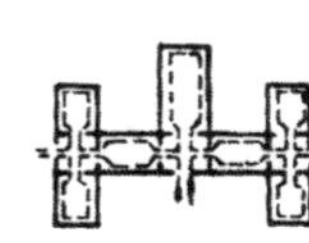
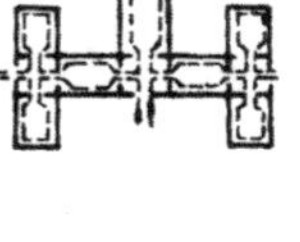

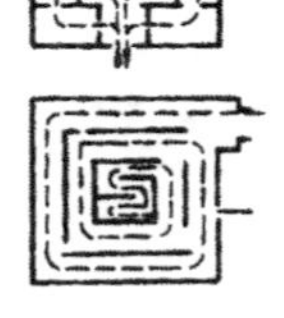

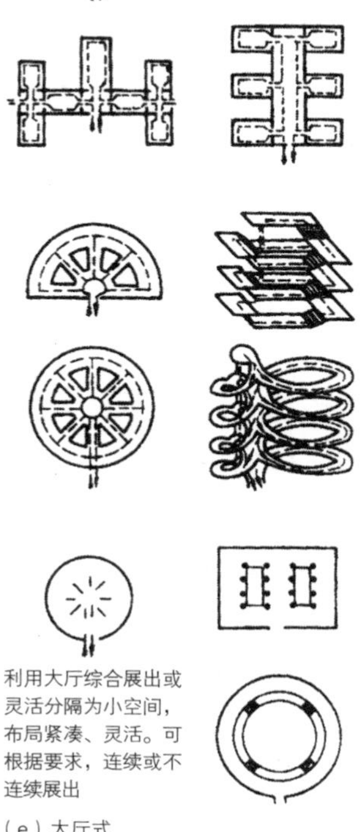

图5-2-7　展示布局的特点

则根据教育的顺序和连贯性来确定其方位。

（2）展区面积及其与通道面积比

由于展览性质不同、展示内容差异、观众人数多少等因素，通道面积与展览面积之比例也不相同，大体上是1∶3。其具体情况如下。

① 观赏性的美术展：1∶4。

② 专业贸易型展览：1∶1～1∶2。

③ 巨幅挂件展区：1∶4～1∶6。

④ 精致小件展区：1∶2。

为适应不同陈列内容的需要，在展厅独立设计时，应尽量设计成大空间，以便根据陈列内容的性质和规模，确定陈列室的布置方式。

（3）布局

综上所述，展示的布局要根据不同的展示内容，满足不同观展路线的要求，以保证展示的灵活性，如图5–2–7所示。常见的展示布局有串联式、放射式、放射串联式、走道式和大厅式。

2.4.2 平面布置类型

根据展示内容的性质和规模，以及人在展示空间里的行为及知觉要求，当展示内容为一个完整系统时，其各部分之间和每个部分内的展品都要求先后衔接，连续不断地展出，一般采用单线布置的方式。当整个展示由各个独立部分组成，各部分内的展品，不要求明确先后顺序时，可采用平行布置的方式，多采用多线不展示的布置方式，如图5–2–8所示。

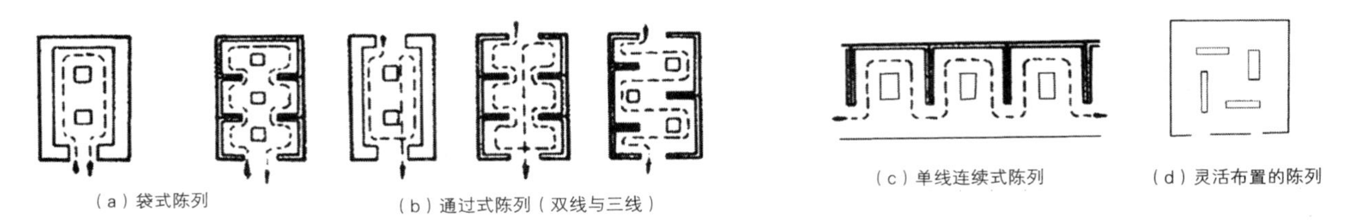

（a）袋式陈列　（b）通过式陈列（双线与三线）　（c）单线连续式陈列　（d）灵活布置的陈列

图5–2–8　展厅平面布置类型

第三节　人体工程学与办公空间设计

随着现代生活节奏的加快，许多白领阶层患职业病的比例愈加突出，长期在封闭式空调的建筑物内办公，可能出现的一系列症状，被称之为“办公大楼综合症”，如眼干、头痛、疲倦、注意力不集中、腰酸、颈椎痛等，所以在办公空间设计中应该注重人文要素和以人为本的设计理念，而人体功效学在现代办公空间设计中也越来越被设计师所重视。对办公室中的办公桌、电脑台、座椅等办公家具的功效学研究和空间尺度的合理设计，对办公人员的身心健康起着较为重要的作用。

3.1 人体工程学与办公家具

3.1.1 大空间办公家具的布置

现在许多开放式大空间办公采用低矮隔断式组合家具，它可将数件办公桌以隔断方式相连，形成一个较小的办公空间，构成办公单元。在布局中将这些办公单元以直排或斜排的方式来巧妙结合，使其设计在变化中满足现代办公的使用要求。

在现代大空间办公环境中，缺少私密的个人空间，但开敞的办公环境，可以方便员工相互监督，提高工作效率。

（1）办公单元

要重视个人环境，提高个人工作的注意力，就应尽可能让个人空间不受干扰，根据办公的特点，应做到人在端坐时，可轻易地环顾四周，伏案时则不受外部视线的干扰而集中精力工作，这样可构成相对私密的小办公单元空间。这个隔断高度约为1080cm，在一个小集体中的桌与桌分隔的高度可定为890cm，而办公区域性划分的较高隔断可定为1490cm。办公单元内部空间应满足布置办公桌、座椅、电脑等办公设备的需要。

从目前办公家具配套设备中的隔断来看，多数采用贴面壁毯等材料。这些材料有吸音、色彩淡雅及质感美观的效果。在办公空间设计中，设计师除了注重尺度设计（包括室内空间和办公家具的尺度设计）之外，还应注意材质的选用，给办公人员带来较为舒适的感觉。

（2）沙发

在休息室内设置沙发休息区，可以使办公人员得到适当休息，缓解紧张的工作节奏。

为了使白领人员在使用时处于一种舒适的状态，沙发的工程学设计必须考虑人体的尺度和使用沙发的姿势等要素，从而使人和沙发之间处于一种最佳的状态。因此，安全、方便、舒适、耐用的沙发可以体现出“以人为本”的精神和人文关怀。

能同时适应几种坐姿的沙发设计，是沙发功能设计的一种新概念，时间是减轻疲劳最有效的方法之一。沙发（软椅）类家具在功能设计上趋向于追求可调性、可变性和可组合性。对于工作用软椅类沙发，强调其座高、靠背、角度的可调性，以适应不同人体、不同工作状态下使用的舒适性。另外，为了最大限度地发挥沙发的使用功能，除将沙发作为坐具外，还出现了将其功能加以延伸的设计。如将沙发部件设计成可组合性，通过不同的组合形式或在沙发上增设一些附属设施，扩展沙发的适用范围和使用的方便舒适性。现代沙发在使用时更加趋向于追求坐姿的舒适性和随意性，人们开始选择那种设计更加休闲、更加简单、充满个性趣味的沙发。随着人们工作节奏的加快，沙发也向着保健型方向发展，出现了电脑按摩沙发，磁疗、药疗沙发及充气按摩沙发等新产品。沙发的造型应新颖、大方、美观，具有强烈的时代感；结构设计更为科学、合理，同人体功效学的结合日益紧密，能更好地适应人体形态、生理条件的要求，使用更为舒适。

（3）工作台、工作椅

办公人员使用电脑时，需要在键盘、显示屏和原始资料三者之间寻求视觉平衡，以便同时看清，便于操作。这就要求在工作姿势、工作台和工作椅三者之间寻求人体功效学的最佳关系，以取得最佳的工作效率。

① 电脑工作台高度。

操作者的身体依靠工作椅的座面、靠背和地面来支撑，腿部在桌下的净空高度宜为690mm，键盘高度应为720～750mm，桌高宜为720～780mm。

② 工作椅高度。

为使操作键盘时前臂接近水平位置（处于较佳的工作姿势），坐高宜调节为400～450mm。

③ 其他工作台的适宜尺度。

针对不同的操作需要，考虑人体功效学对其他工作台的高度设计要求，不同工作与工作台尺寸的适宜尺度不同。

3.1.2 普通办公室办公家具的布置

传统的普通办公空间，有一定的私密性要求，其配置的办公家具主要有办公桌、写字台、电脑台、文件柜、座椅、沙发等，所需的空间尺度一般不大。

如为多人使用的办公室，应考虑每个人的办公家具、办公设备及走道的合理布局，以免相互干扰。

3.1.3 屏风隔断及其他办公家具

室内屏风式隔断系统在不同程度上起到了隔音和遮挡视线的作用，而且还划分了工作单元的范围和通行通道，隔断的高度是为了遮挡人的视线，人的体位决定隔断高度。根据是把隔断一侧坐着的人的视线与另一侧站着的人的视线隔开，还是分隔两侧坐着的人的视线，可以把隔断设计成三种高度。120cm以下的低隔断可保有坐姿时的私密性，站立时仍可自隔断顶部看出去；152cm的隔断，可提供更高的视觉私密性，如果高的话，站起来仍可从上方看出去；第三种隔断约203cm以上，提供了最高的私密性，但会产生压迫感。高的隔断在界定分区时相当有用，但最好能配合较低的隔断，尤其在视觉接触的区域更是如此。有的系统也采用高及天花板的隔断。隔断的高度有时也具有象征意义——表示地位，资历愈高的员工隔断愈高，按此逐级排列下来。

另外，一些小型办公家具也是办公家具系统中独具魅力的一部分，如移动柜或推柜、移动长柜、桌边柜、移动推车等。它们的特点是体积小、可自由移动，因此通常作为工作进行时的支援。这些小型家具与其他办公家具的可组合性极强，并且节约空间。

通过一条不受限制的通道（右侧）和一条受限制的通道（左侧）时的姿势（a=最窄的通道）

图5-3-1 办公区的走道尺寸设计

3.2 办公空间通道及走廊的尺度设计

通道及走廊空间设计中，判断其最小宽度的依据是不需要做任何补偿活动就能通过。如图5-3-1所示，通过受限制的通道和不受限制的通道时，人体呈现的不同姿势；同时，不同体重的人体对最小通道宽度也不相同，体重较大的人体需要的通道最小宽度也会相应增加。

3.2.1 建议最小通道宽度

活动受限制时——460mm。

活动不受限制时——635mm。

3.2.2 无障碍设计坡道

另外，在办公建筑及其他公共建筑入口处，应注重生理残疾等弱势群体的使用需要，在室内外空间过渡部位，设置供残疾人使用的专用坡道，满足无障碍设计规范的要求，体现以人为本的人性化设计理念。

城市公共建筑空间应该考虑肢体残疾人士享受社会资源的行为需要，公共设施的设计应该充满人为关怀，使弱势群体体验到社会关爱。如图5-3-2所示，沈阳市在修建地下过街通道时，充分考虑残疾人需求，专门安装的无障碍升降平台。这样，即使残疾人坐着轮椅也可以通行无阻。

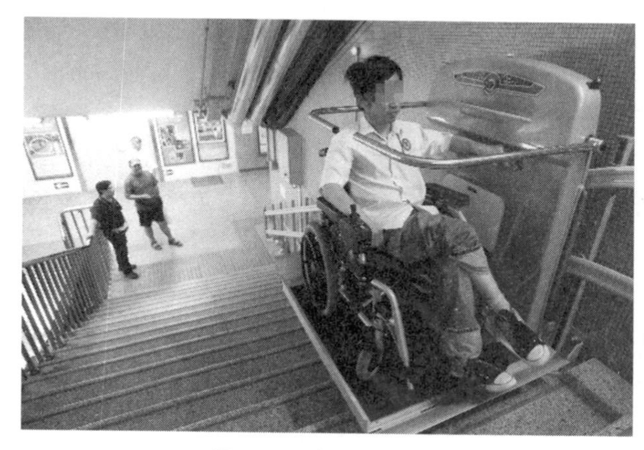
图5-3-2 残疾人电梯入口

3.3 人机因素与办公空间设计

我们都知道，光线与色彩有关，色彩又与办公室的布置有关，家具的摆放与档案的管理有关。而办公空间设计的要素恰恰是光线、颜色、空气、声音、家具、档案管理系统这六个方面。这些要素相互之间不仅具有密切的关系，而且与办公室的位置、布置、设计等也有关。

3.3.1 光线

充足的光线是营造良好办公室环境的重要因素之一。办公室的光线应均匀分布，以使空间平衡，提高工作效率。只有光线充足舒适，才能使工作人员保持充沛的精力，减少疲劳，减少工作中的错误（图5-3-3）。

图5-3-3 办公室的光线

办公室光线的来源包括自然光、日光灯及白炽灯。自然光有益于心理的健康，但因早晚光线明暗不一，因此需要有人造光线以弥补自然光的不足。日光灯能提供大量的照明，最适宜办公楼布置。

办公室光线系统的基本设计共有五种：直接光、半直接光、间接光、半间接光、直接间接光。其中，采用间接光或直接间接光较好。

3.3.2 颜色

颜色会影响人的情绪、意识及思维。譬如，颜色对人类的血压及性情会产生重要的影响。有些颜色给人舒适的感觉，有些颜色使人心情放松，有些颜色令人感觉郁闷，有些颜色能加速心智的活动，有些颜色则降低心智的活动。

图5-3-4 温暖的色彩心理

黄色、橙色与红色称为暖色，这些颜色令人感到温暖与愉快（图5-3-4）；蓝色、紫色与绿色称为冷色，它们令人感到平静；浅黄色、灰褐色与象牙色等淡色，令人有适度兴奋之感。

目前，大多办公室的颜色趋向于单色化，在设计时应注意地板、墙壁与窗帘的颜色要和谐。譬如，先选择桌子的颜色，然后再根据桌子的颜色选择地毯的颜色，使彼此相调和。总之，地板的颜色宜较墙壁的颜色深，墙壁的颜色则应较天花板的深，会议室宜用黄色或赤色。办公楼夏季宜用蓝色与绿色，冬季宜用黄色与橙色。天花板的颜色以白色为最佳，地板的颜色宜采用棕色，桌面的颜色则宜用浅色。下列地点的颜色搭配建议如下。

① 普通办公室：天花板宜用白色，面对职员的墙壁宜用冷色，其他墙壁的颜色宜用暖色如浅黄色，所有墙壁的颜色应注意互相调和。

② 会议室：以浅色与中性的颜色为最佳。

③ 会客室：以欢愉的中性颜色为最佳。

④ 走廊：因其缺少自然光线，所以宜用明亮的颜色。

⑤ 休息室：男性宜用蓝色，女性宜用淡红色。

⑥ 地下室与贮藏室：宜用具有高度反射光线的颜色。

3.3.3 空气

空气因素由办公室中空气的温度、流通、湿度与清洁四个基本因素构成。温度太高或太低，都会让人感到不舒适。湿度会影响工作的效率，在同样温度之下潮湿的空气令人感觉热；特别潮湿的空气，会引起呼吸器官不舒适并引起沉闷、疲倦之感；干燥的空气令人感觉冷；特别干燥的空气则会引起焦虑与精神急躁之感。如缺乏适当的通风，会令人感到昏昏沉沉。自然通风比空调优越，因为交叉吹过的微风能消除“死气”。必须注意的是，要确保空气均匀分布，以免办公楼的工作人员遭冷风吹袭生病。

3.3.4 声音

在嘈杂的办公室里工作是不会有效率的。噪音既会分散注意力，又容易让工作出现错误。一个效率高的办公室，应注意声音的调节，防止噪音，力求办公室安静。

减少或尽可能消除声音的来源，如在打字机与计算机底下放置毛垫，并在其余的设备底下放置橡皮垫。在机械上的防声橱也能有效地排除声音。此外，还可以在档案柜、门、桌子、椅子上涂一些润滑剂，或者要求职员减少闲聊，养成相互低谈的习惯，均能减少声音。

避免将办公室直接暴露于声源或太拥挤之处，应把办公楼与声源隔离。建筑物的顶楼因远离街道车辆与行人，通常是声音较低之处。另外，可将所有发出音响的设备与机器置于一个单独的房间，倘不可能就将主要的声源设备集中于一处，也较散置于办公楼各处为优。

办公室的地板、天花板与墙壁均可采用防音板或吸音的物质，如地板采用地毯可吸收声音，挂设窗帘也能吸收声音。天花板和墙壁采用由多纤维状的矿物瓦及硬纸板制成的吸音板也有效。

窗户宜用双层玻璃，当街市声音太嘈杂时，将窗户关闭就可以减少声音。任何办公器具不得放于金属墙前，以减少回音。按照工作流程布置座位，可减少往返走动的不便。接待来宾，应专设会客室，以免谈话影响办公。

当职员工作时，如播放适当音乐，可减轻心理与视觉上的疲劳感，减少精神上的紧张感，并带来愉快之感。

办公室因播放音乐而得到最大益处的工作包括档案、收发、打字、接待、查对等。多数的职员认为音乐能使工作环境更加愉快，播放音乐，工作就不会感到单调。办公室的音乐以选播轻松的古典音乐与节奏轻快的音乐为主。

音乐也要适当地选播，如早晨宜选用轻松、愉快的音乐，中午及下午可播放振奋精神的音乐。

3.3.5 办公家具

人体工程学理论为家具设计提供了科学依据。不仅在家具的尺寸、曲线等方面更符合人体的尺寸与曲线，而且还考虑到家具的造型、材质运用以及色彩处理对人的生理和心理的影响，使办公家具设计更为科学合理。

家具的色彩与空间界面的关系，常常是物体与背景色的关系。利用家具的色彩来扩大或缩小人们的视觉空间，也是改变空间感的方法之一。如要使空荡荡的房间充满生机，可选择或局部选用一些暖色调的色彩，以造成充实的空间感受；在相对狭小的房间里，可选用浅色、白色或冷色基调的家具，以扩大视觉空间感。

3.3.6 档案管理系统

档案管理也是影响办公环境的一大要素。原因很简单，当工作人员不能够充分地利用空间、将繁杂而多样的各类文件管理好时，势必就会使工作逐步陷入混乱的境地。因此，学会充分利用空间，使空间发挥最大的使用效率，这也是现代家具设计所追求的目标之一，使用文件储藏柜以及各式办公家具是办公档案管理常见的手法。

第四节　人体工程学与餐饮空间设计

餐饮建筑是公共建筑的一大类型，随着人们生活水平的提高和社会交往的日益密切，人们使用餐饮建筑的机会比以前多了很多。在人们进行餐饮活动的整个过程中，室内是餐饮者停留时间最长且对其感官影响最大的场所。餐饮建筑能否上档次、有品位，能否给客人以良好的心理感受，主要依赖于成功的室内设计。应研究如何在开敞的空间中营造宜人的、适于人们使用的空间氛围，以及如何根据人们的就餐心理进行餐桌的布置。

4.1 人的就餐心理分析

4.1.1 交往性心理

宴会厅以全体参宴者的交往为目的，餐桌布置要利于人的交往应酬，形成热烈氛围，不要私密性，不必以边界来明确个人空间领域，因此餐桌可四面临空，均匀布置。

4.1.2 观望性心理

有些人观望性心理很强，希望占据有利的位置以便能够更方便、全面地观看周围的景致。这种空间具有很强的开敞性，通常位于空间的中心区域，从空间处理手法上通常要采取抬高地面的方式。例如，在餐厅中间部位设置一个抬高了地面的亭子，四角有柱子，柱子间是廊椅，亭子中间设一精致水池，有水从亭子顶滴落，亭子内设了四张餐桌，在亭子四周有散座和雅间。人们在亭子内的餐桌就餐，能够很方便地观察周围的景色。

4.1.3 私密性要求

餐厅部分使用人员多、空间大且开敞，可有些人就餐时私密性心理很强，喜欢安静，不希望被别人打扰，不想与更多的人交往，这时可以利用屏风、镂空的隔断、较高的绿化植物、水体等进行空间分割，满足私密性的要求。

4.1.4 边界效应

我们会发现有靠背或靠墙的餐椅和能纵观全局的座位比别的座位受欢迎，而靠窗的座位尤其受欢迎，因为在那里室内外空间可尽收眼底。许多客人，无论是散客还是团体客人，都明确表示不喜欢餐厅中间的桌子，希望尽可能得到靠墙的座位。可见，在餐饮空间划分时，应以垂直的实体尽量围合出各种有边界的餐饮空间，使每个餐桌至少有一侧能依托于某个垂直实体，这是高质量的餐饮空间所共有的特征，也就是我们所说的边界效应。

在进行餐饮空间的室内设计时，要充分了解人们的就餐心理，利用各种设计元素和设计手法，通过地面、顶面的高差、色彩、质感的变化以及垂直实体不同的围合，创造出丰富多彩的、满足各种需求的餐饮空间。

4.2 餐厅环境设计

餐厅环境设计必须按照视觉舒适性的要求进行室内空间形态设计、空间界面装修、景观和陈设设计，并且遵循人的餐饮行为来布置座席、组织空间，根据餐饮时的人际距离和私密要求选择隔断方式和隔离设计，按照人的坐姿功能尺寸选择家具和座席排列，按照客人餐饮时的精神面貌营造餐厅的光和色的环境氛围，按照环境氛围选择背景音乐，按照嗅觉要求组织通风或空调设计。

4.2.1 空间界面质地设计

（1）墙面设计

餐厅墙面质地不宜太光洁，否则缺少亲近感，特别是在远离人体接触的部位，其质感宜粗犷一些，或直接粘贴吸声材料。在接近人体的部位宜光洁一些，或者设置护墙板、护墙栏杆。

大的餐厅的墙面，重点部位可设置一些字画；小一些的餐厅，特别是风味餐厅可根据室内环境范围，布置一些挂件，如具有民族特色的饰物、挂毯、挂盘等。墙面的色彩要结合光环境来确定。

（2）地面设计

大众化的餐饮店、快餐厅以及大宴会厅地面宜选用耐磨防滑的材料，酒吧间、咖啡厅特别是风味餐厅的地面多数与整体环境相结合，但面积大时，宜采用浅色调，面积小时，可选用中性色调。

（3）顶棚设计

顶棚是餐厅室内装修设计的重点，它起着限定空间、渲染室内环境气氛的重要作用。其形态要结合室内空间大小、灯具和风口布置，以及座席排列进行设计。在很多情况下，利用人的向光性特点，结合灯具布置只做局部吊顶，其形式和材料可以是多种多样的，色彩结合光环境来确定。

4.2.2 座席排列

座席包括餐桌和椅子，排列原则是错落有致，减少互扰。可结合柱子、隔断、吊顶和地面等空间限制因素进行布置。

4.2.3 色彩环境设计

大众化的餐饮店和快餐厅，宜采用明快的冷色调，即中波色相、高明度、低色素彩度的色彩，如白色、浅灰色、浅蓝色、浅绿色等。

风味餐厅、咖啡厅和宴会厅，宜采用典雅的暖色调，即长波色相、中明度、高色素彩度的色彩，如玫瑰红、杏红、明黄色、金色、银色等。

4.2.4 光环境设计

大众化餐饮店、快餐厅和咖啡厅的光线，宜明亮整洁，条件许可时应尽可能采用自然光，白天一般不照明。夜间照明可采用日光灯和白炽灯相结合，以产生明快的视觉效果，只在柜台和景点等处设置射灯、束灯或壁灯。

酒吧间、风味餐厅的光线宜暗暖舒服，一般不用自然光，多采用暖色的白炽灯或壁灯，以便于光线的控制。有时在餐桌上辅以烛光，以渲染环境气氛。宴会厅的光线，宜温暖明亮，白天可采用天然采光和人工照明相结合的布置方法，多采用暖色的白炽吊灯、吸顶灯或装有滤色片的日光灯。

4.2.5 音质设计

室内背景音乐的选择要符合顾客的心理，注意隔声和吸声，特别要注意扬声器的位置和方向。

4.2.6 通风、空调设计

要保证室内空气新鲜、清雅，减少串味，尽可能采用自然通风。要求高的宴会厅和风味餐厅等，可采用中央或局部空调，但要注意噪声控制。

4.2.7 消防安全设计

大宴会厅要特别注意疏散口的布置，要有利于消防，应装有应急照明和疏散指向。顶棚材料的选择要符合消防要求，喷淋和烟感器的布置要结合顶棚的灯光设计进行。

根据以上所述，餐厅环境设计在家具选择、灯光效果、环境色调、空间界面装饰、通风空调、消防方面入手，可营造更加舒适的餐饮环境以达到设计的最终目的。

第五节 人体工程学与商业空间设计

从人体工程学角度讲，商业空间的设计内容十分丰富。商业空间设计应布置合理。营业大厅宽敞、顾客流动路线合理、营业部位设置应根据商品特性进行安排。商品柜台等家具设备的样式、材料科学合理。室内应设有合适的灯光照明、通风、冷暖设备以及宣传广告及空间美化等设施。

5.1 商业空间的构成

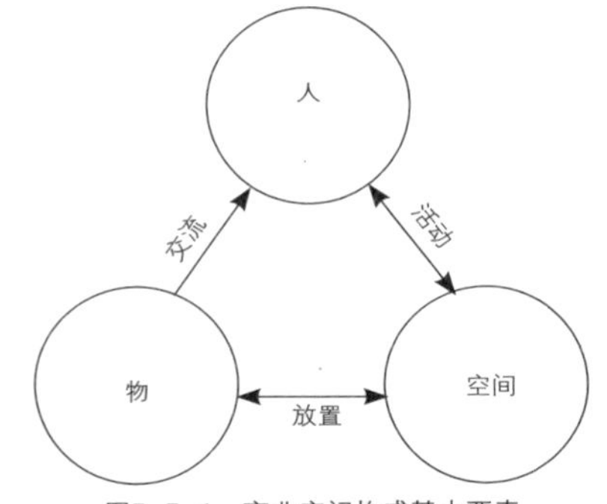

图5-5-1 商业空间构成基本要素

商业空间是消费市场买卖双方进行商品交易活动的地方，涉及人、物、空间三个构成基本要素（图5-5-1）。也可以将人、物、空间作以下三种解释：主体，即买卖双方的人；商品，即作为交易的中心物；商业空间，即为交易提供的场所。这三者中，人是流动的，物是活动的，空间是固定的，它们始终处于一个动态平衡系统中。其中任何一个因素变化都会引其他两者的倾斜运动，直到构成新的适应关系，达到相互平衡。

5.2 商业空间的设计原则

① 功能与形式的统一。坚持功能合理、环境美观、灯光适量、技术先进、经济节约、方便销售的总体原则。

② 追求个性，追求本身建筑空间的特点。

③ 注意商店本身经营产品的特点。如服装店一般都是开架售货，家电商店一般都是展台售货，而金银珠宝店一般都是柜台售货。

④ 交通流量和防火安全。商店必须有足够的出入口，购物空间的通道必须足够宽，防止过分拥挤。

⑤ 注意经济适用原则，注重实际效果和经济效益。

⑥ 要充分考虑声音、光线、空气温湿度等因素。商场可设背景音乐，天花板要有吸音作用，灯光要注意照度和

色温，使商品在灯光下能呈现正常颜色。

⑦ 各层商品配置时，要考虑顾客心理、生理方面因素。如日用品像肥皂、卫生纸等，一般都放在商店入口附近，使顾客无负担，买了就走。

⑧ 避免顾客流线与货物运输流线交叉混杂。

5.3 商业空间的布置类型

商业空间的布置大致有以下几种类型。

（1）顺墙式布置

顺墙式布置又称为屏式布置，是沿着室内墙壁柜台、货架等家具的一种类型。如图5–5–2所示。

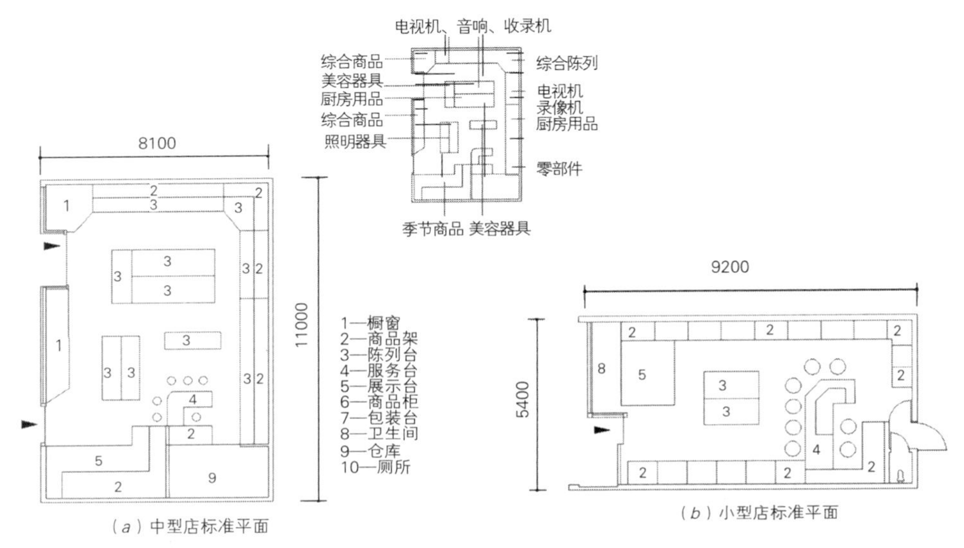

（a）中型店标准平面

（b）小型店标准平面

图5–5–2

（2）岛式布置

岛式布置是围绕室内柱子布置柜台、货架的一种形式。其平面形状有方形、长方形、圆形、其他异形等，如图5–5–2所示。

（3）综合式布置

综合式布置就是把顺墙式和岛式布置综合在一起，即沿墙布置与房间中部岛式布置相结合。另外，随着营业方式的不同，又形成了下面两种布置形式。

① 封闭式：是用柜台把顾客与营业员隔开的布置形式，顾客不能进入营业员的工作现场。常见于普通百货商店。

② 开敞式：将商品展放在柜、架、台上，允许顾客自由选取，是一般自选商场的布置形式。

5.4 商业空间中的人与环境要求

顾客的购物行为，按照消费者心理学的观点是“需求”动机支配下的“需”和“求”的实施过程。由于不同顾客的需求目标、需求标准、购物心理等差异，会表现出各色各样的购物行为，但共同点是“求好、求廉、求新、求便、求实、求美”的要求，也就是“物美价廉，购物方便”。

顾客的购物心理对购物环境大概表现出以下几点要求。

5.4.1 购物环境便捷性

对于大多数顾客来说，只要商品价位相同，其购物表现是就近购买，甚至稍微贵一点也在近处购买。在商品社会的今天，“时间就是金钱”的概念也使经营者懂得了将商店设在交通便捷的地方才能使生意兴隆。

小商店、连锁店、售货亭应该设在居民出入密集的地方。在中国，多数居民是步行或自行车去日常购物，所以服务半径不宜太大，不超过500米最好。大型商场、购物中心也应该设置在交通方便的地段，除了公共交通方便以外，在此购物环境附近还要留出足够的停车位，要使购物车能将货物运到停车场附近，这在国外经济发达的国家都是普遍的现象。有些商场为了招揽顾客，开辟特定的路线，用商店专车免费接送顾客，可见购物环境的便捷是何等重要。

环境的便捷性不仅表现在商店位置的选择上，就是在商店内部，同样还存在选购商品的便捷性问题。如果顾客进入商店找不到自己所需要的商品，或者选择不方便，顾客可能会一走而过，或者干脆不买。一般而言，销售者会将大家常用的商品，或急于推销的商品陈列在顾客进出的便捷处。

5.4.2 购物环境选择性

俗话说“货比三家不吃亏”，说明了购物选择的重要。那么这个选择性肯定是在具备多家商店、多种商品、多种花色、多方信息的整体环境下产生的聚集效应。

前面我们介绍了人类具有从众的行为习性。我们可以看到，如果一家商店只有个别人进入，那么一般顾客看到了就不想入内；反之，如果有另一家商店购买的人很多，甚至排队购物，顾客则会越集越多。这种聚集效应也会促使很多销售者采用多家商店、相同商品聚集在一起共同营销。

同样，购物环境的选择性要求也反映在店内，如果将不同品牌的同类商品放在一处销售，这不仅会方便顾客，同时会给销售者带来更多成交的机会。

5.4.3 购物环境的识别性

在同一地区、同一条街上，经营相同商品的店家会有很多，那么如何使顾客找到他所信任的店家，这就产生了商店识别性的问题了。顾客一般记不住哪家的门牌号码，而该店的形象却会在顾客的心中留下很深的印象，因此许多店家在创建商店形象时，不仅在商品价位、服务质量等方面要优于其他商店，还应该特别注意让它的形象在顾客心中打下很深的烙印，这就促使了商店的造型和装修的特殊性，所以商业建筑的形象特点是各不统一的，完全由销售者自己创造，才成就了今天商业建筑的五彩缤纷。

识别性的问题不仅反映在商店的整体形象上，而且也反映在商店出入口、商店内部的空间形态，甚至是某一组柜台的布置上，能让顾客进入商店一眼就能找到他所信任的那个售货点。这也就是导致店堂装修设计的特殊性、与众不同，从而让店铺拥有自己的店家特色。

5.4.4 购物环境的舒适性

对于选择性的购物者和无目的的购物者来说，逛商店是极其普通的行为特征。边走边浏览，见到有兴趣的停下来，边问边看，合适就买不合适再走。这就要求购物环境的舒适性。

这个舒适性的问题首先反映在商店周围。如果商店入口很拥挤，顾客往往不会进去。如果附近没有停车场，有车的顾客也可能不会进去。

舒适性更多的是反映在店堂内。如夏天天气炎热，室内没有冷气，顾客当然不会久留。如果店堂走道很小，顾客很拥挤，那么后来的顾客就不愿意挤进去。最好还有明确的购物指南和休息的地方以及悦耳的音乐等，使顾客愿意停留，这也是店堂设计应该考虑的问题。

5.4.5 购物环境安全性

购物环境的安全性首先反映在企业的形象上，“货真价实”是安全性的第一标志，也是最能吸引顾客的关键所在。在假货泛滥的社会里，顾客最怕的就是“上当”。因此很多商店打出“放心店”的牌子。

安全性更多的反映在店堂的空间尺度和设备上。顾客停留的空间不能太小，在人群拥挤的地方顾客是不方便掏钱包的，这是普遍的购物心理。另外，店堂的消防疏散问题也是顾客十分关心和业主必须考虑的。还有商品的防盗，特别是贵重物品商店，也是环境设计时必须解决的问题。

5.5 商业空间的形式

不同类型的商业空间，有不同的店堂空间形式、不同的功能特点、不同的店堂环境。按建筑空间规模分区，可分为大、中、小型商店。

店堂形式是与商业形式相关联的，不同店堂空间满足不同消费者、不同场合的需要。常见的店堂空间形式有以下几种。

5.5.1 货摊和售货亭

不管商业活动如何发达，自古以来都少不了遍布街头巷尾、宅旁路边的货摊和售货亭。它们以其特有的灵活性和流动性为顾客提供了便利的商品，也为城市空间注入了活力，增强了生活气息。

这种货摊和售货亭的形式是多种多样的，多数带有顶棚，能遮光避雨。许多货摊排在一起，就形成了一个开放性市场，传统的集贸市场以及“跳蚤市场”多采用这种形式。它们经营的多以小商品为主，有新品也有旧货。

售货亭是比较正规的摊位，一般都有比较完整的商业空间，经营小商品，形式多样活泼，以其独特的造型吸引顾客。它的空间布局一般都是独立设置，较少连成一片。

这类商业空间都为开敞式，“店堂”空间基本上被业主占满，顾客多数在“店外”或者棚子下购买。所以这类商业空间，重视的是满足营销的需要，不需要给“店堂”环境过多的“装饰”设计，这类商业空间，重要的是选址。售货亭较多注意的是其造型，这类工作基本上由业主自己完成。

5.5.2 中小型商店（百货店、专业店和连锁店）

中小型商店是最主要的一种类型，它广泛地分布在城市的每一个角落，是组成城市商业网的基础。一般为一层，少数为两层，经营各种门类的商品。它最大的特点是具有很强的灵活性和专业性，不仅能使经营的商品随市场经济不断地调节或转向，而且店堂的外装修也具有很大的灵活性。

中小型商店的面积一般都不大，为节约用地，减少投资，丰富城市面貌，这类商店多数和其他性质的建筑物合建，或本身就是由其他建筑物改建的。除了下面一、二层外，上部多为住宅、办公室或小型旅店，所以这类建筑称为“商住楼”、“综合楼”，其建筑空间造型取决于上部建筑的性质。

由于中小型商店的经营商品种类繁多，也就形成了各种性质的商业空间，那么这类商店的店堂环境也是千差万别的。室内大小和形态各不相同，室内功能布局不同，商品展示和陈列方法不同，装修材料等级相差很大，室内环境气氛各异，均无统一的格调和标准，多数由业主根据自己的财力、周围环境、市场情况、经营方式等因素灵活确定，不断更新。其装修的重点在于店堂的出入口、橱窗和店堂内部环境。

5.5.3 中小型自选商店

这类商店最大的特点是方便照顾顾客。店内没有售货员，只有少数的管理人员，让顾客入内自行挑选，统一在出口处付款。它的经营范围很广，有较大型的综合性百货商场，也有中小型的各种专业自选商场，甚至全国性的连锁店。店堂内环境简洁，较多考虑使用功能的需要，一般不做过多的室内装修。

5.5.4 大型百货商店

大型百货商店是一种商品品种齐全、花色繁多、包罗万象、应有尽有、独家经营的零售商店形式。其最大的特点就是商店的综合性。顾客只要进入一家大型百货商店，所需物品一般都可以买到。这就减少了购物时间和购物劳累。

由于该类型商店的综合性，所以面积比较大，一般为多层建筑。为了减少交通的不便，设有自动扶梯或观光梯。为减少店堂空间过大，天然采光不足的影响，有条件时还会设置中庭，各类商品的分店堂从地下至楼上各层围绕中庭布置的影响，这就形成了“竖向步行商业街”。

5.5.5 超级市场

这是从一般自选商场发展起来的大的商业空间，它采用计算机管理，商品开架由顾客自己挑选，商品展示和陈列更加条理化、科学化，集中式收款台设计在出口处，这不仅方便了顾客购买，而且降低了营销成本，所以这是深受消费者喜爱的一种商店形式。如图5-5-3为某超级市场平面图。

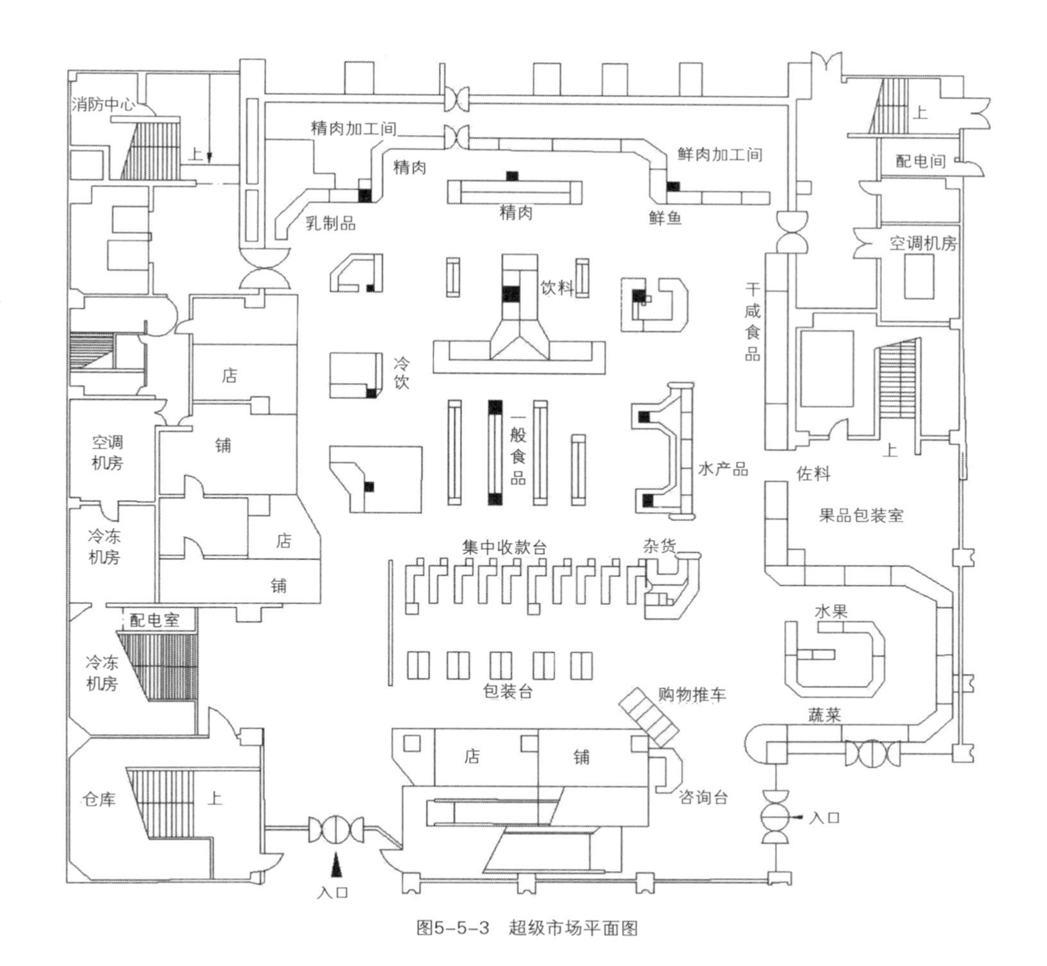

图5-5-3 超级市场平面图

5.5.6 购物中心

这是由专门化、个性化的高级小商店组成的室内步行街，结合若干个大型主干商店复合而成的高度综合性的大规模商业空间。它为人们提供了“逛、购、娱、食”等多方面需要的良好商业环境及人与人交往的富于人情味的公共空间。

这种空间设计是从现代化人购物行为出发，考虑商品流通特性，激发顾客潜在购物，它调动一切手段，创造了丰富多彩、各具特色的室内外环境；使其适应了各层次、年龄、性别的顾客需要，另外它还增加了现代生活需要的自助餐、咖啡茶座、美容院、电影院、儿童游戏场、溜冰场、康乐中心等设施与场地，使其成为具有多种功能、多项活动的现代化综合性商业中心。

思考与练习

1. 人体工程学中物理环境包括哪些?
2. 视觉机能包括哪些?
3. 简述展示空间视觉运动规律。
4. 运用人体工程学在展示空间、办公空间、餐饮空间、商业空间中进行设计。

第六章　无障碍设计

教学目的

无障碍设计的最终目的就是关怀残障人、孕妇、儿童和有特殊需要关怀的人，为他们提供舒适、合理、安全、科学的无障碍环境，营造一个充满爱与关怀，切实保障人类安全、方便、舒适的现代生活环境，从而促进社会的和谐发展，造福全人类。

章节重点

无障碍设计的运用。

“障碍”是指实体环境中残疾人和能力丧失者不便或不能使用通行的部分，它对于正常健全的人来说却方便无阻，所以它是一个相对的概念。各种障碍中最可怕的还是思想观念障碍，要排除环境障碍，必须首先解决设计者头脑中的思想障碍，进一步提高对无障碍设计的认识。建筑环境的无障碍设计是对残疾人等弱势群体最切实的人文关怀，也体现了“以人为本”的设计精神。我们应该在规划设计人员和相关专业的学生中强化无障碍意识，并积极开展无障碍设计的科学研究，努力提高我国无障碍设计的水平。

第一节　无障碍设计理论的形成与发展

无障碍设计（Barrier-Free Design），是20世纪初由西方建筑师提出的一种全新的设计理念，旨在运用现代科学技术手段，为广大老年人、残疾人、妇女、儿童等社会弱势群体提供一个行动方便、安全的活动空间，创造一个平等的、全民共同参与的社会环境。随着理念的不断发展，无障碍设计已经成为为全社会所有人服务的一项设计。

无障碍包括物质环境、信息和交流方面的无障碍。物质环境无障碍主要指城市道路、公共建筑物和居住区、园林绿地等的规划设计建设保障行动不便者的通行和使用无障碍；信息和交流无障碍则主要指公共传媒对听力、言语和视力障碍者信息交流的支持。

1.1 理论的形成

无障碍理论的形成与诸多的社会因素有关，主要可归纳为：人口结构的改变、科技的进步、经济的发展、观念的转变、法律的完善等个方面。同时，伤残人士的增加与社会人口的老龄化，日益受到社会各界的关注，对这些人群的关爱是无障碍理论形成的重要原因。

1.1.1 人口结构的改变

（1）两次世界大战导致伤残人口增加

第一次世界大战直接死亡的军人达900万，伤残2120万人，饿死、病死达1000万；第二次世界大战先后有60多个国家和地区的17亿人被拖入战争的漩涡，仅死亡人数就达5000万人。世界大战给人类带来了极大的创伤，战争夺去了无数人的生命，造成了无数人的伤残，给人类带来了巨大的灾难，同时也给人类敲响了警钟。人们呼唤和平，渴望健康，要求社会和谐、人道。一些国家开始建立收容机构，对伤残者采取康复措施，提供方便残疾人使用的产品。在此基础上，又引发伤残者权利的保障问题，残疾人问题日益受到各国政府和社会的重视。

（2）医疗技术的发展与寿命延长

18世纪以前，人类的平均寿命都很短，牛痘的研制成功使人类的平均寿命发生了首次飞跃，提高到40岁。20世纪初，青霉素的问世挽救了千百万被细菌感染的病患者，人类平均寿命出现第二次飞跃，上升到65岁。可见医疗技术的提高以及卫生设施的完善使人口寿命延长和老年人口增加，继而也引发了社会对老年人无障碍设计的关注。

人体工程学准则可用于解决医疗设备的设计问题，如尺寸、操控性、调节范围、方便性、载重能力、是否易于清洁及有效防止污染。美国劳动与工业部推荐的核心人体工程学控制方法（Core Ergonomic Control Methods）建议工作人员在颈部弯曲45度状态下工作的时间每天不超过4个小时，屏幕观看视角为水平视线以下15度。因此，屏幕支臂或支架必须可以使用户根据需要灵活调校屏幕显示角度，以及在用户设定的位置保持牢固（图6-1-1）。

索斯科(Southco)定位控制技术

图6-1-1　基于人体工程学的医疗器械

（3）社会人口老龄化

第二次世界大战后，人口寿命逐渐延长，新生儿数量明显减少，这种双向发展使全球几乎所有国家的人口结构都趋于老化。目前，平均每十个人中就有一个花甲老人，而人口老龄化问题也引起了国际社会的关注，联合国和许多国家如美国、日本、瑞典、法国等都组建了一些较为完善的老龄科研组织和机构，从自然科学和社会科学两个方面加强对老龄人口问题的综合研究。

应帮助老年人面对生活中的各种障碍，包括物理环境方面的障碍、心理上的障碍、媒体方面的障碍等，使老年人能按照自己的意愿参加社会活动，减少心理和生理方面的疾病，提高生活质量。

从20世纪开始，因为各种因素的影响，如战争、科学技术、医疗技术等，世界人口结构发生了巨大变化。战争导致残疾人数量剧增；医疗技术的进步延长了人类的寿命，进而推动了全球人口老龄化的进程。面对人口结构的这些变化，世界各国开始着手研究应对此变化，人体工程学也应运而生。

1.1.2 科技的进步

工业复兴以后，医学有了巨大的发展，对患者的抢救成功率大大增加，更多的病患者、意外受伤者能够得以延续生命。其中一些人在保存了生命的同时却丧失了某些身体机能，成为残疾人。残疾人要独立生活，需要依靠一些辅助器材来进行自由的活动，如特殊座椅及移动器材等，这些辅助器材也是无障碍产品的一部分。科技的发展为这些辅助产品的设计提供了有利的技术支撑，以提高残疾人、老年人的认识能力和物理感觉，帮助他们健全身体功能，像正常人一样生活。

在现实生活中，有很多产品不仅是基于人体工程学设计上满足老年人、残疾人的无障碍设计，而且也为正常人提供了更加方便与舒适的生活（图6-1-2）。

图6-1-2　垂直设计的鼠标

1.1.3 经济的发展

随着经济的发展、人们生活质量的提高、生活水平的日益改善，人们除满足正常的生命需求外，还追求优美的生活工作环境、便利的生活设施，以及富有人性化的社会福利、保障制度等。残疾人士对产品的使用也不再局限于使用的功能，而是开始考虑产品的个性与美观。

1988年，纽约市的现代艺术博物馆展出了题为“设计给独立生活”的无障碍产品，参加展出的包括美国、丹麦、英国、意大利、荷兰和新西兰等国家。这些展品中，有一部分甚至考虑了使用者的语言、文化、风俗等差别，增加了针对个人状况和偏爱而设计的内容，以满足使用者的特殊需求。这表明，无障碍产品的设计已经不再是单纯地考虑使用功能，而是结合了美观、个性等需求，向更高一级的追求迈进。

1.1.4 观念的改变

在人类历史长河中，社交观念和物质环境障碍曾一度阻止残疾人自由地参与社会。很多残疾人不能正常地拥有教育、工作、居住、娱乐、交通等生活内容。随着战后残疾人口的增长，残疾人士对独立和平等的权利的追求也日益高涨，人们逐渐认识到残疾人应该拥有与正常人一样平等参与社会的权利，因而各种有益于残疾人的措施和产品相继出现。人们尊重他们的权利，肯定他们的能力，残疾人作为公民，在政治、经济、文化和社会生活的各方面，享有与其他公民平等的权利。

1.1.5 法律的完善

保障残疾人权益的立法从20世纪初开始，第二次世界大战后逐步发展。目前，已有132个国家和地区制定了有关残疾人的法律。联合国大会通过了一系列保障残疾人权益的文件、决议。国外残疾人立法内容包括：“平等地位”与“充分参与”的宗旨；政府、社会、残疾人组织的责任；特别扶助和保护的原则，发展残疾人康复、教育、劳动就业、福利、文化体育事业的方针与重要政策、措施等。

上述诸多因素促成了无障碍理论与建设的迅速发展。

1.2 无障碍理论的发展

国际上对于无障碍设计的研究可以追溯到20世纪30年代初，随着第一次世界大战的结束，许多国家的残疾人口数字创下了历史新高，老年人及儿童等弱势人群在总人口数中的比例增大。这些人的生活、工作、学习受到了社会的关注。当时在瑞典、丹麦就建有专供残疾人使用的设施。1961年，美国制定了世界上第一个《无障碍标准》。此后，英国、加拿大、日本等几十个国家和地区相继制定了有关法规。1974年，联合国召开国际无障碍专家会议，对无障碍设计作了研究总结，并提出今后的任务。1982年12月第37届联合国大会通过了《关于残疾人的世界行动纲领》，强调残疾人的无障碍设施问题。1993年12月第48届联合国大会通过《残疾人机会均等标准规则》，要求会员国：采取行动方案，使物质环境实现无障碍；采取措施，在提供信息和交流方面实现无障碍。随着世界各国对无障碍建设的重视，无障碍理论也逐步发展。

无障碍设计主要指为残疾人、老年人、儿童等特定人群进行的设计。后来又出现了许多类似的设计概念，如帮助设计、适应性设计、可达性设计、关怀设计等。无障碍设计的创始者、美国建筑师Ronmace把“Barrier-Free Design”发展为“Universal Design”，指无需改良或特别设计就能在最大可能的程度上为所有人使用的产品或环境。这一定义与“Barrier-Free Design”的最大不同点在于，它的设计主旨已经由特殊人群扩大到了所有的人。到20世纪90年代中期，一批由建筑师、产品设计师、工程师和环境设计研究人员组成的小组为“无障碍设计”制定了如下七项原则：使用公平性、使用灵活性、简单直观性、信息明显性、容许错误性、使用省力性、使用尺寸和空间的合理性。无障碍设计由此走向理论化与系统化。

第二节 无障碍设计的研究

2.1 美国的无障碍设计

美国的无障碍设计一直处于世界领先水平，1961年美国国家标准协会（ANSI）制定了第一个无障碍设计标准，成为世界上第一个制定“无障碍标准”的国家。1976 年该标准开始被强制执行，1992 年美国政府又颁布实施了《美国残疾人法案》（ADA），为残疾人的生活扶助提供了相应的法律保障。除此之外，美国还将无障碍环境建设引入到科研和教育领域，在高等院校专门设置无障碍设计的科研项目，各地方政府在贯彻法规时也做普查调研工作，通过试验室进行测试，保障无障碍设计规范标准制定的科学实用性和严谨性。

在美国，一般根据需求进行无障碍设计。如在推行建筑无障碍设计技术方面，按需要和可能、一般和个别两种情况进行不同的设置对待。无障碍环境建设的内容也从单纯的物质环境建设推进到综合性的、全方位的社会环境建设，包括硬件和软件的无障碍环境建设。在城市建设和园林设计方面注重根据不同行动不便者的需求进行全面的无障碍设计。

一般公共建筑物对残疾人的通行和使用只做常规安排，个别人的困难通过改善服务管理等其他途径解决。残疾人居住的建筑内，针对使用者的特殊要求，从不同方面采取了更多措施。公共建筑，无论是新建还是改造，都加入了相应的无障碍设施，且都注意与整体环境的协调性和统一性。其他的交通建筑、旅馆建筑等也都经过改造，给行动不便者带来了很大的方便。

城市中的道路、交通、建筑物、景观绿化等的无障碍设施配备齐全，并且各具特色。如西雅图是美国西海岸的一座海滨工业城市，该市地势呈丘陵地带，给道路形成了较大的高差，但是该市在建筑物、道路、公共交通等各个方面仍然改建成了一座著名的无障碍城市。

在公园、植物园、动物园、风景名胜区、游乐场所等园林景观方面，都营造了方便各类游客使用的无障碍环境，如纽约中央公园中道路高差由缓坡连接，形成既优美又方便轮椅使用者、推婴儿车的人使用。

2.2 日本的无障碍设计

日本也是无障碍建设较为发达的国家之一，国家所制定的统一建设法规中就包括残疾人、老年人无障碍设计。日本以政府的名义，制定各种符合本国实际的无障碍设计标准和规范，依法推行无障碍设施建设。1995年6月日本颁布了《对应长寿社会的住宅设计方针》，针对老龄化日益严重作出了积极的应对措施。

日本非常注重方便老年人和残疾人的无障碍设计，无论是建筑设计、城市建设，还是园林景观设计方面，都能够根据不同残疾类型有针对性地设置无障碍设施。为尊重残疾者的人权和尊严，日本分别使用肢体障碍者、智能障碍者和精神障碍者等称呼各种残疾者。同时，日本政府还制定奖励措施，采用补助金、减免税、低利融资等奖励办法，来促进无障碍建设。

日本的无障碍设计注重创新，如采用新型的盲道，设置夜间发光二极体LED，这样视弱者和轻度视障者即使不使用手杖也可以得到引导，也对其他行人起到提示作用。目前，日本为残疾人、老年人增设的无障碍设施比较普及，以政府建设部门为主导，树立“建设无障碍设施和环境是以人为本、方便所有人、提高每个人生活质量的需要，因而是全社会的事”这一新观念。例如，住宅设计，日本建设省提出：所有住宅都要适合老年人，设计时，要考虑从适合幼年直至老年的需要。因而，无障碍设施也可称为通用设施，不仅是残疾人走出家门、参与社会生活的基本条件，也是方便老年人、妇女、儿童和其他社会成员的重要措施。日本城市无障碍建设也非常系统，如东京、横滨等市在住宅、道路交通、公用设施等方面的无障碍建设，考虑周到，建设趋于完备。城市中主要路段人行横道口都装有盲人过街音响指示器，所有路口全部坡化，公用设施内轮椅可以通达所有地方，所有地铁站都装有升降机，并带有盲文按钮，每列地铁列车都有内设轮椅席位的专门车厢，盲道从地上一直铺到地铁站台。

另外，日本还在有关地段设置了残障模拟空间，主要是模拟老年人和身体障碍者的行为方式，让人们能够体会到行动不便者的困难，以便对其进行适当的帮助。如1999年在东京都足立区荒川河边用地上，设立了第一个轮椅体验学习空间（占地6500m^2）——荒川福利体验广场，开发了独立乘轮椅行走、推轮椅行走、在护理下乘轮椅行走等几个项目，以加强对无障碍设计工作深刻的理解。

2.3 我国无障碍建设进程

我国的无障碍环境事业起步较晚，对于无障碍环境的认识落后于时代，法制进程滞后于时代要求。关于无障碍环境建设是从无障碍设计规范的提出与制定开始的。1984年3月，中国残疾人福利基金会成立，着手改善残疾人“平等、参与”的社会环境工作。在1985年由北京率先开始研究无障碍技术，召开了“残疾人与社会环境研讨会”，发出“为残疾人创造便利的生活环境”的倡议。1986年7月，建设部、民政部、中国残疾人福利基金会共同商定编制我国第一部《方便残疾人使用的城市道路和建筑物设计规范（试行）》，该规范于1989年4月颁布实施。1998年，建设部、民政部、中国残联共同下达了关于贯彻实施《方便残疾人使用的城市道路和建筑物设计规范》若干补充规定的通知，要求加强无障碍工程的审批管理和工程验收，对高层住宅入口和居住小区道路等，应进行无障碍设计。2001年建设部、民政部、中国残联共同颁布了《城市道路和建筑无障碍设计规范》。2003年7月18日，建设部批准《建筑无障碍设计标准图集》，把我国无障碍设计和建设推向一个新的高度。

随着一系列制度、规范的出台，继1985年北京王府井大街等街道的环境改造工作之后，1995年北京市政府按亚太经会要求，选定丰台区方庄居住小区开展无障碍环境建设试点；2000年建设部、中国残联在深圳成功地举办了“亚太区无障碍公共设施建设国际研讨会”，无障碍设计在国内各大城市的规划、建筑、市政设施方面得到推行和体现。这些法律规范都在一定程度上保证了我国无障碍建设的实施。另外，2010年5月开幕的上海世博会也引入了多种无障碍设施，还首次设立了残疾人专馆，极大地方便了行动不便者参观的需求，同时也提高了人们关注残疾人的意识。

2.4 无障碍建设的国际动向

国际上对于无障碍环境建设的研究可以追溯到20世纪30年代初，当时瑞典、丹麦已建有专供残疾人使用的设施。20世纪50年代末，正常化、回归社会主流的理念在北欧兴起，随后广泛传播到世界各地。这种思想强调只以健康人为中心的社会并不是正常的社会，主张采取措施使残疾人顺利进入社会，与健全人一样共同生活。为此，就必须将残疾人的特殊需求纳入建筑设计考虑因素，调整过去只以健康成年人为对象的建筑设计标准，以清除在城市环境中一切不利于残疾人活动的物质障碍，开拓一个无障碍的生活环境。

一些欧美国家除了制定系列无障碍环境建设条例外，还通过建筑准入制度、地方自建地方法规、技术标准等措施来保障无障碍环境的建设。例如，英国1995年通过新的中央法规——《DDA就允许公众参与单项工程的无障碍设计标准讨论》；美国标准协会（ANSI）也规定，无障碍技术标准和法规每5年修改1次。

第三节　无障碍设计的基本思想

3.1 无障碍设计的理论依据

3.1.1 人本主义设计理论

人本主义设计是指在设计中以人为本，根据人的行为习惯、人体的生理结构、人的心理情况、人的思维方式等进行设计，充分体现人性化。这是一种在设计中对人的心理、生理需求和精神追求等方面的尊重和满足，体现了设计中的人文关怀，是对人性的尊重。设计的基本目的在于满足人自身生理和心理的需要。美国著名的行为心理科学家马斯洛在他的成长动机论中提出了“需要层次理论”，其五个层次为：生理需要、安全需要、爱的需要、尊重的需要、自我实现的需要，它们是由低级过渡到高级的现实的、复杂的动态系统。这个需求层次理论就很好地解释了设计人性化的实质。

园林中的无障碍设计应以人本主义为依据，根据行动不便者的生理结构、户外行为习惯以及心理需求进行设计，从尊重的角度进行设计，满足使用者的生理、心理需求，实现从行动到心理感受的最大化的无障碍。

3.1.2 人体工程学理论

人体工程学是研究人在工作环境中的解剖学、生理学、心理学等方面的因素，研究人—机器—环境系统中的交互作用着的各组成部分在工作条件下、在家庭中、在休假的环境里，如何达到最优化的问题。归其本质，人体工程学是研究人和环境关系的科学。

早期的人体工程学的主要内容有人体结构尺寸和功能尺寸，涉及心理学、人体解剖学和人体测量学等；现在，人体工程学已经发展到研究人和环境的相互作用，即人与环境的关系，涉及心理学、环境心理学等学科。人体工程学也是以人为本，从人体的身体结构尺寸和心理出发，进行最优化的设计，达到人与环境的最佳状态。

园林中的无障碍设计需要根据人体工程学的相关理论，分析不同类型的行动不便者，如残疾人、老年人、小孩等的身体结构尺寸在园林游憩中所需要的空间尺寸等因素，同时还应考虑不同行动不便者的心理需求、与其他非行动不便者的相互关系，明确其利弊和优先关系，设计出游人与园林环境的最优化水平。

3.1.3 环境行为学理论

环境行为学，也称为环境设计研究，是研究人与周围各种尺度的物质环境之间相互关系的科学。环境行为学是环境心理学的一部分，环境心理学把人类的行为与其相应的环境两者之间的相互关系与相互作用结合起来加以分析。环境行为学比环境心理学的范围要窄一些，它注重环境与人的外显行为之间的关系和相互作用，因此其应用性更强。

环境行为学主要研究人们在各种不同环境中的行为趋势和行为习惯，譬如一般人的行为习性里有捷径性、识途性、左侧通行与左转弯以及从众性等。在园林环境设计中，考虑这些因素是保障设计合理的必要因素，同时也避免了一些因设计不合理而造成的环境破坏。不同身体状况的人到相同的目的地时也具有不同的行为特点：身体健康的人可以很顺利地通过直线到达目的地，但是，携带重物或者饮酒后就不那么容易了；儿童喜欢边玩边走路，注意力容易受到周边物体的影响而分散，跑、跳、转不停等；老年人、听觉障碍者以及使用拐杖者必须边观察周围的情况边进行行动，中途需要休息；使用轮椅者如果习惯了的话则可以行进得很快，但是不能拐小弯，遇到高差或台阶时，则通行困难；视觉障碍者只能感觉到拐杖可及的范围，为了达到目的地需要经过一番周折。因此在园林景观无障碍设计中，应运用环境行为学的相关理论，分析研究各种类型行动不便者在园林游憩中的行为习惯和行为趋势特点，有针对性地设计出人人都能够参与的、和谐的环境。

3.1.4 专为残疾人设计理论

专为残疾人设计，顾名思义，它的服务对象是残疾人。早期的“无障碍设计”是西方国家为了方便世界大战期间伤残老兵出行和生活而提出的，其实当时的“无障碍设计”实质是专为残疾人设计，它的主要服务对象是因先天或后天因素导致肢体或者感官缺陷的人群。当时提出的一系列法案都是专门针对残疾人，是为了方便他们的生活、工作而提出的。直到后来，老年人、小孩等行动不便者的需求才纳入无障碍设计的范畴，因此，专为残疾人设计的相关理论应是无障碍设计的基础。

3.1.5 无障碍设计与专为残疾人设计的异同点

无障碍设计的英文是“Barrier-free Design”，专为残疾人设计的英文是“Design for the Disabled”，二者最大的区别在于服务的对象不同。无障碍设计的服务对象是所有的行动不便或者认知不便者，包括残障人士、老年人、孩童、孕妇、病人、推婴儿车者、携重物者、外国人等，甚至包括在特定的环境中会遇到障碍的人；而专为残疾人设计的服务对象是残疾人。专为残疾人设计的理念是将残疾人作为一个特殊的群体对待，这在残疾人看来他们是受到歧视的，而且按照这种理念专门设计出来的环境或者产品一般都造价高且外形不佳，不适合其他人使用，从残疾人内心深处来说他们是不愿意使用这些环境或者产品的，具有一定的排斥心理。因为他们并不愿意人们将其特殊化，他们更愿意与其他健全人一样使用同样的环境或产品。其实这对设计者或者建造者来说是很容易的，只需要对适合健全人使用的环境或产品进行一定的改造，达到可以适合不同群体使用的目的，譬如在台阶旁边加一条设计合理的坡道，这样不仅乘轮椅者可以使用，而且推婴儿车的父母、拖行李箱的旅行者及老年人、小孩等都可以方便地使用。这样在使用这些环境或者产品的同时，残疾人不会产生抗拒心理，因为其他人也同时在使用这些无障碍设施或产品。这就实现了从专为残疾人设计到无障碍设计的即“从一般到特殊”的设计理念的转换。而其服务对象的不同以及在设计时对各种人群人格的尊重是二者最大的区别。

3.1.6 通用设计理论

通用设计是由美国北卡罗来纳州教授R.L.马赛（Ronald L.Mace）于20世纪90年代提出的，其英文为“Universal Design”，简称UD。通用设计的理念强调设计时考虑对象不应局限特定的人群，即不应只考虑行动不便的障碍者，而应在设计之初考虑到所有使用人群，并以全体大众为出发点，让设计的环境、空间与设备产品能适合所有人使用，即不分性别、年龄与能力，适合所有人使用的方便的环境或产品设计。20世纪90年代以来，通用设计从美国传到其他国家。

随着设计师们推动通用设计的发展，在20世纪90年代中期 R.L.马赛教授与其他一些设计师成立了“通用设计中心”，并提出了通用设计的七项原则，它们分别是：公平使用（Equitable Use）；灵活柔性的使用（Flexibility in Use）；操作简单，信息易懂（Simple and Intuitive Use）；信息易获取（Perceptible Information）；容错性好（Tolerance for Error）；省力（Low Physical Effort）；空间尺寸的合理性（Size and Space for Approach and Use）。从通用设计的七个原则来看，它从一开始就考虑各种使用者个体的需求，无论其使用习惯、认知能力、行动能力等如何都能够使用；它的服务对象是所有的人，提供的是一种动态多样性的设计。

通用设计理念指导下的环境或者产品设计并不是一开始就能够供所有人使用，而是提供一种可以调节的系统或者环境。该系统或环境能够很容易地调整从而满足不同人的需要。同时它并非是用单一的尺寸或者结构来满足所有人的要求，而是通过提供不同的替代环境或者设施来满足不同群体或者个体在使用上的需求，提供几种选项供人自取所需，使设计的适用性最大化，所以通用设计体现的是一种公平的、多样化的设计理念。

3.2 无障碍设计与通用设计的异同点

实践证明，通用设计是一种理想化的状态，目前并没有真正意义上的完全的通用设计环境或产品，因为使用个体的多样性和特殊性，一种环境或产品是不可能适合所有人惬意地使用的。通用设计更多地表达的是一种设计方向，一种对于设计的理想的设想状态，一种对于人性化高度重视和关怀的设计理念。而这也是通用设计与无障碍设计的最大区别之处，通用设计是一种设计方向，而无障碍设计却是一种设计方法。无障碍设计的最终目标其实就是通用设计，只不过这个目标需要在一些非常特定的社会环境和条件下才可能实现，但是在设计领域我们却不能放弃这种看起来遥遥无期的目标，因为它代表着一种非常美好的设计状态，或者说是社会环境。

从某种意义上来说，无障碍设计分为狭义无障碍设计和广义无障碍设计两种。狭义无障碍设计是指早期的专为残疾人设计的理念，而广义无障碍设计则是指通用设计。从专为残疾人设计到通用设计是设计领域中一次思想上的飞跃，甚至可以说是社会环境对于弱势群体的一种观念上的转变，所以，新型的、科学的无障碍设计应该是在专为残疾人设计与通用设计之间寻求一种较为和谐的状态，或最佳的设计方式，无障碍设计应该是一种在某种程度上可以实现的通用设计，亦可说是通用设计的前奏。

第四节　无障碍设计分类

4.1 残疾人的特点

残疾人的情况主要有肢体残疾、视力残疾、听力—语言障碍、精神残疾、智力残疾、综合残疾六类。中国的抽查调查资料显示，肢体残疾、视力残疾、综合残疾三项合计，其数量占残疾人总数的42.26%。

4.1.1 下肢残疾者的行动特点

① 水平推力小，行动缓慢，不适应常规的运动节奏；在有高度差的环境中行动困难。
② 拄双拐者只有坐姿时才能使用双手。
③ 拄双拐者的步幅有时可达950mm。
④ 轮椅的行动速度较快，但占有空间（静态、动态）较大。
⑤ 许多常规设施对坐轮椅者的运动有限制。
⑥ 无论拄拐者还是坐轮椅者，使用卫生设备时都需要支持物。

4.1.2 上肢残疾者的行动特点

① 臂的活动范围小于健全人。
② 难以做出各种精巧的动作，且手臂耐力不如健全人。
③ 难以完成双手并用的动作。

4.1.3 偏瘫患者的行动特点

偏瘫即“半身不遂”。患者身体一侧的功能不全，往往兼有上、下肢残疾的特点。可拄拐独立跛行，或坐轮椅，但因动作依赖身体的优势侧完成而总有方向性。

4.1.4 视力残疾者的行动特点

① 难以（弱视者）或不能（盲人）利用视觉信息了解环境情况，均需借助其他感官功能（听觉、触觉等）采集信息、辨认物体，及在行动中定向、定位。

② 盲人步行需借助盲杖，步速慢，生疏环境中易发生意外伤害。

4.1.5 听力—语言障碍者的特点

① 身体行动一般无困难。

② 信息交流需借助增音设备，或依赖视觉信号（如手语）、振动信号。

4.2 下肢残疾者的便利环境

4.2.1 下肢残疾者的空间尺度

（1）拄杖者的空间尺度

各类助行器和拄杖者水平行进的宽度见图6-4-1 。

拄杖者水平行进的空间尺寸见图6-4-2。

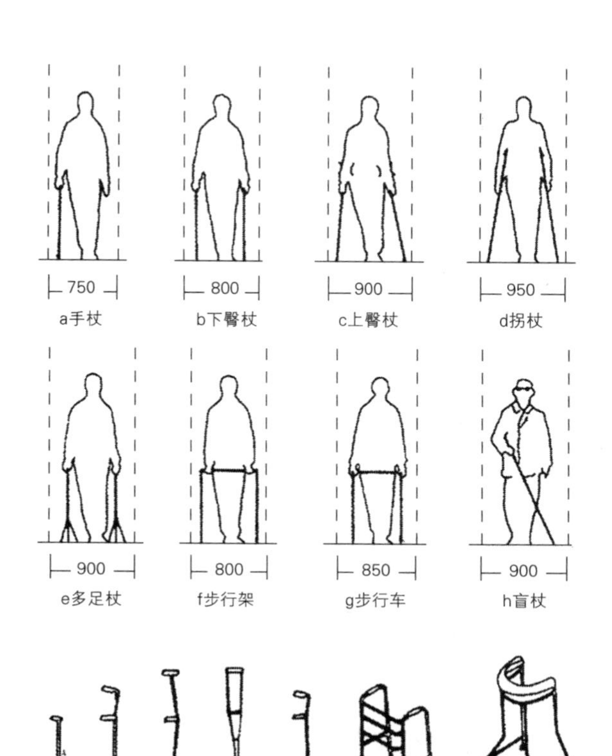

图6-4-1　各类助行器和拄杖者水平行进的宽度（单位：mm）

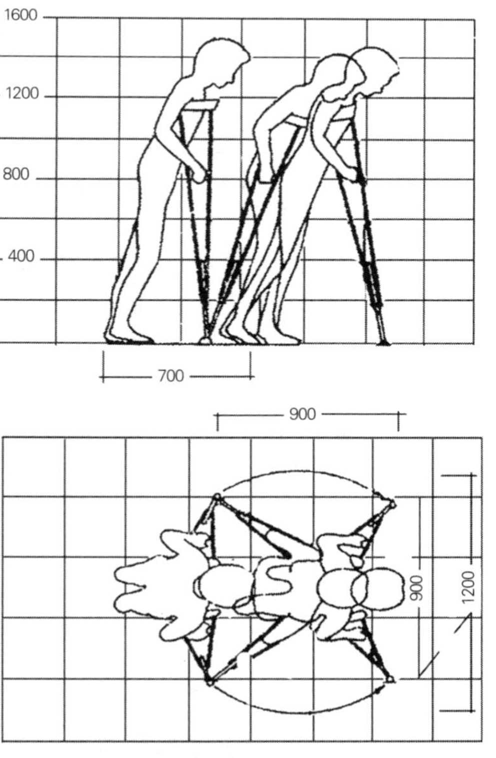

图6-4-2　拄杖者水平行进的空间尺寸（单位：mm）

（2）坐轮椅者的空间尺度

轮椅的常规尺寸见图6-4-3。

轮椅转动所需的空间见图6-4-4。

坐轮椅者的上肢活动范围见图6-4-5。

坐轮椅者使用的设施尺度见图6-4-6。

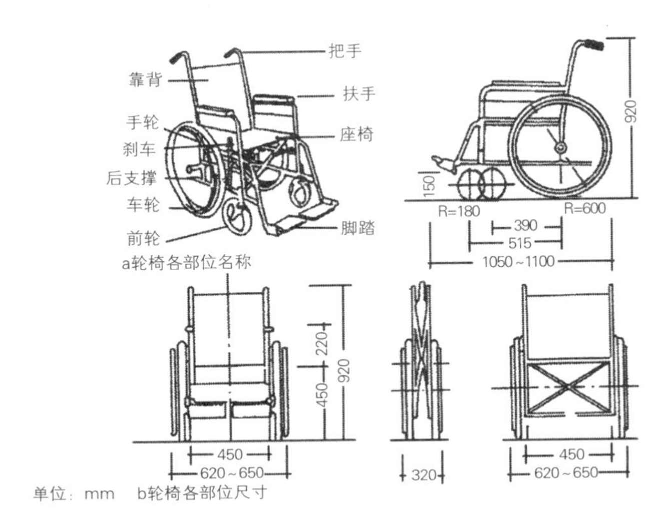

图6-4-3　轮椅的常规尺寸

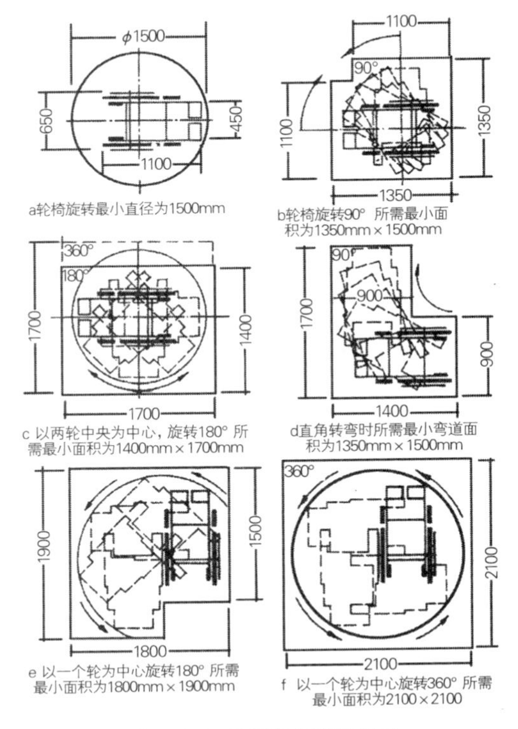

图6-4-4　轮椅转动所需的空间

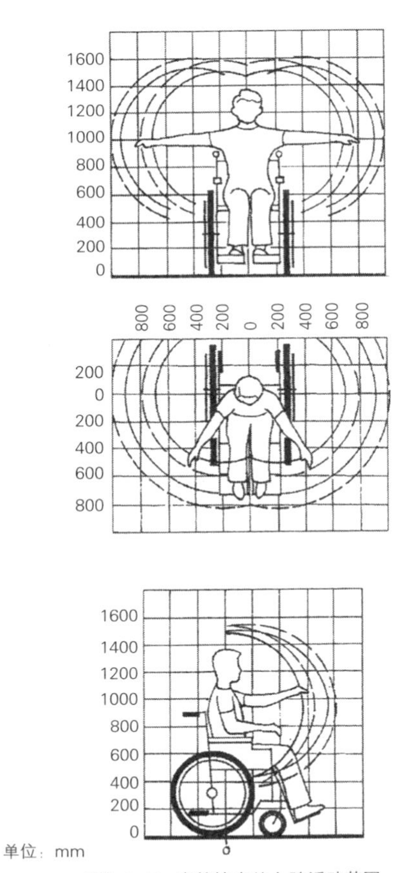

图6-4-5　坐轮椅者的上肢活动范围

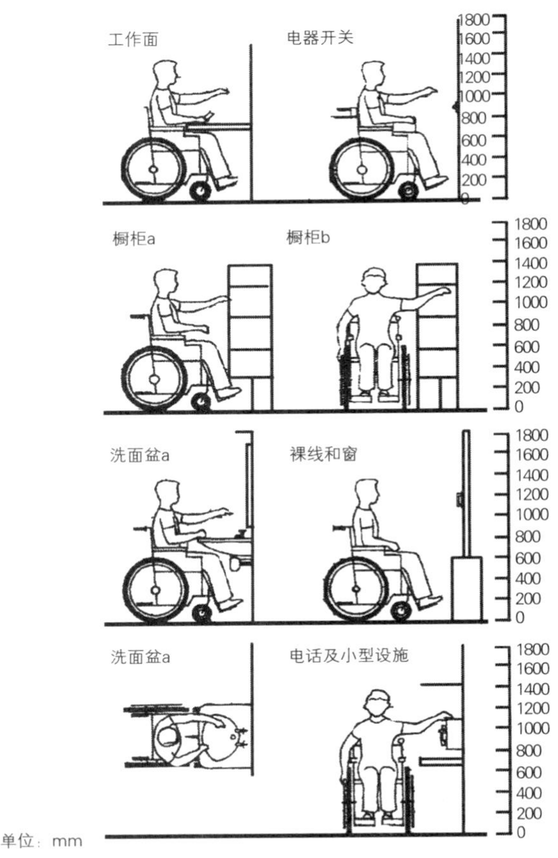

图6-4-6　坐轮椅者使用的设施尺度

4. 2. 2 室外环境便利下肢残疾者的设施

室外环境中便利下肢残疾者的交通设施有缘石坡道、轮椅坡道、梯道、垂直升降梯4种，其设置条件归见表6–4–1。

表6–4–1 便利下肢残疾者的室外交通设施

设施	设置条件
缘石坡道	交叉路口、人行横道、街区出入口等应设缘石坡道
轮椅坡道	人行天桥、人行地道、有高差的建筑物入口应设轮椅坡道
梯道	仅适合拄杖者、老年人通行
垂直升降梯	城市中心地区、建筑物入口可设垂直升降梯取代轮椅坡道

室外居住环境中人行道纵坡不宜大于2.5%。人行道若设有台阶，则应同时设轮椅坡道和扶手。各级公共绿地的入口、通道、凉亭等设施的地面应平缓防滑，地面有高差时，应设轮椅坡道和扶手。绿地休息区的座椅旁应留出轮椅位置（图6–4–7）。

（1）缘石坡道

方便残疾人通过路口，人行道边应设置缘石坡道。缘石坡道使人行道与人行横道之间有了平缓的过渡，且使人行横道的起点基本是在平面上而不是在高差点上（图6–4–8）。实践证明，缘石坡道不仅方便了残疾人，也方便了健全人的通行，是一种相当有效的便利措施，因而受到全社会的普遍欢迎。

图6–4–7 绿地休息区的座椅旁应留出轮椅位置

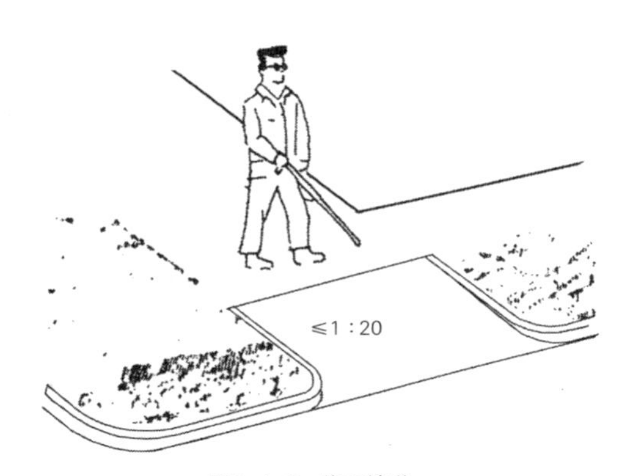

图6–4–8 缘石坡道

缘石坡道有扇面坡、单面坡、三面坡等形式。扇面缘石坡道下口的宽度应不小于1500mm。道路转角处的单面缘石坡道上口的宽度不宜小于2000mm（图6–4–9）。三面缘石坡道正面坡的宽度应不小于1200mm（图6–4–10）。缘石坡道各坡面的坡度均不应大于1：12（图6–4–10）。缘石坡道下口高出车行道面不得大于20mm。坡面应平整且防滑。

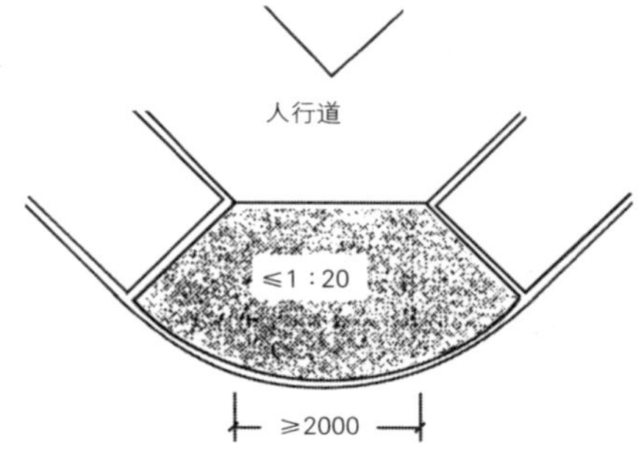

图6–4–9 道路转角处单面缘石坡道上口的宽度

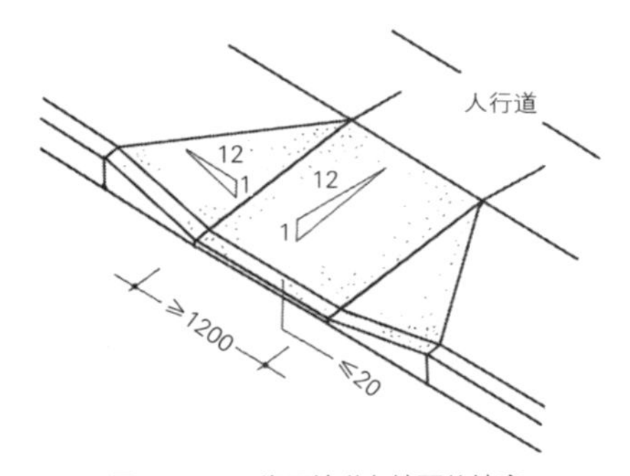

图6–4–10 缘石坡道各坡面的坡度

（2）梯道与轮椅坡道

梯道应是适合拄杖者、老年人通行的设施，多用于室外空间。轮椅坡道是适合坐轮椅者、拄杖者、老年人通行的设施，室内外均可设置。

梯道宽度应不小于3500mm，中间平台深度应不小于2000mm。踏步的踢面高度应不大于150mm，踏面宽度应不小于300mm。

公共建筑与高层、中高层居住建筑的入口设台阶时，必须同时设轮椅坡道和扶手。

轮椅坡道应设计成直线形、直角形或折返形，不宜设置成弧形（图6-4-11、图6-4-12）。

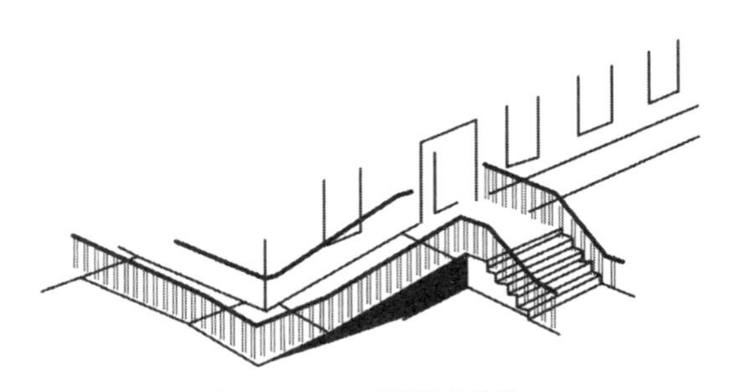

图6-4-11 直角形轮椅坡道

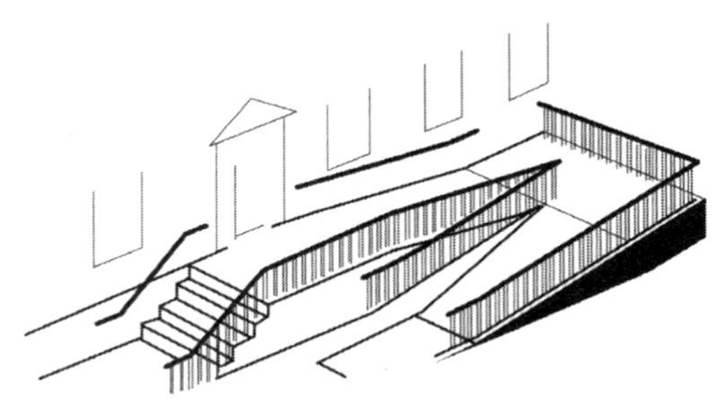

图6-4-12 折返形轮椅坡道

轮椅坡道的常用坡度是1∶12。困难地段的坡度不得大于1∶8，因为轮椅在1∶8的坡度上进行需他人协助。弧线形坡道的坡度，应按弧线内缘的坡度计算。

轮椅坡道的坡度与每段的最大爬高、水平长度是相关的。例如，1∶12坡道每升高1500mm时，应设深度不小于2000mm的中间平台（图6-4-13）。轮椅坡道的各种坡度与其最大爬高、水平长度应符合表6-4-2所列的关系。

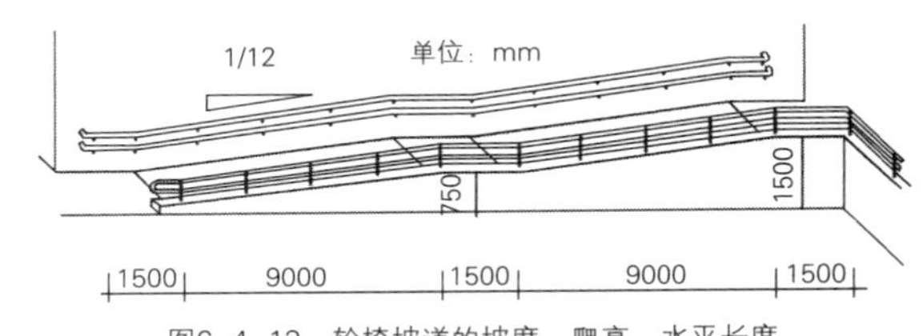

图6-4-13 轮椅坡道的坡度、爬高、水平长度

表6-4-2 轮椅坡道的坡度与其最大爬高、水平长度的关系 （单位：mm）

坡度	1∶20	1∶16	1∶12	1∶10	1∶8
最大爬高	1500	1000	750	600	350
水平长度	30000	16000	9000	6000	2800

坡道的坡面应平整且防滑。坡道的起点、中间、终点的平台的水平长度都应不小于1500mm（图6-4-14）。

梯道和坡道两侧应设扶手。扶手在坡度段和平台段应保持连贯。扶手下为栏杆时，栏杆根部应设高度不小于50mm的安全挡台（图6-4-15）。

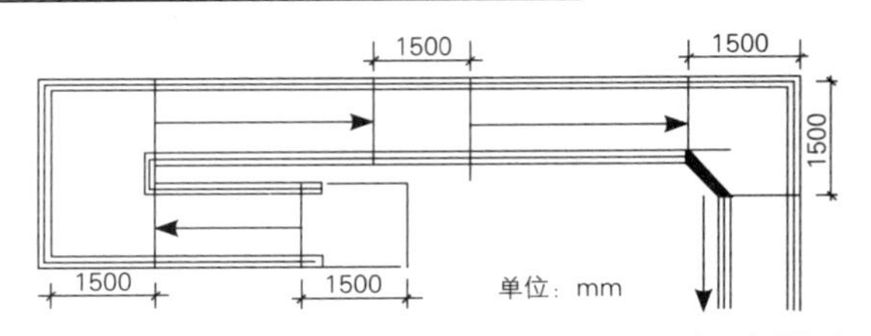

图6-4-14 便残坡道的起点平台、中间平台、终点平台的水平长度

建筑物入口应设置轮椅平台。大、中型公共建筑和高层、中高层居住建筑入口轮椅平台的最小宽度应大于等于2000mm，小型公共建筑和多层、低层居住建筑入口轮椅平台的最小宽度应大于等于1500mm。平台上空应有雨棚。

当设置轮椅坡道有困难时，可建升降平台取代轮椅坡道。升降平台的面积不应小于1200mm×900mm，且应设扶手或挡板及启动按钮（图6-4-16）。

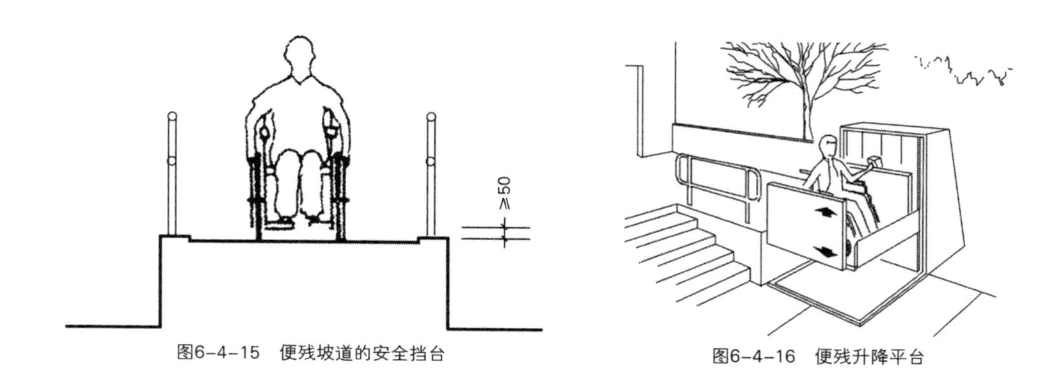

图6-4-15 便残坡道的安全挡台

图6-4-16 便残升降平台

4.2.3 室内交通空间的无障碍

（1）楼、电梯

方便下肢残疾者楼梯的设计要求见表6-4-3。

表6-4-3 方便下肢残疾者楼梯的设计要求

部位	设计要求
梯跑	应采用有休息平台的直线梯段和台阶 不应采用无休息平台的楼梯和弧形楼梯
踏步	表面应平整而不光滑 不应采用无踢面和有直角凸缘的踏步
宽度	居住建筑梯段宽度应不小于1200mm 公共建筑梯段宽度应不小于1500mm
扶手	楼梯两侧应设扶手 台阶从第三阶起应设扶手

方便下肢残疾者电梯的设计要求见表6-4-4。

表6-4-4 方便下肢残疾者电梯的设计要求

部位	设计要求
候梯厅	深度≥1800mm 呼梯盒应设于距地面900～1100mm处
门洞	洞口净宽≥900mm 开启净宽≥800mm
轿厢	深度≥1400mm，宽度≥1100mm 正面和侧面距地800～850mm应设扶手 侧面距地900～1100mm处应设选层按钮（带盲文） 正面从距地900mm处至顶部应安装镜子

（2）走廊

大型公共建筑走廊的最小宽度应大于等于1800mm，中、小型公共建筑走廊的最小宽度应大于等于1500mm，居住建筑走廊的最小宽度应大于等于1200mm，检查轮椅通道的最小宽度应大于等于900mm（图6-4-17）。

走廊内不得设置障碍物，地面应平整且防滑。

走廊两壁应设扶手，一侧或尽端与其他地坪有高差时，应设置栏杆或挡板等安全设施。

有门扇向走廊开启时，开门处应设凹室，凹室面积应不小于1300mm×900mm（图6-4-18）。

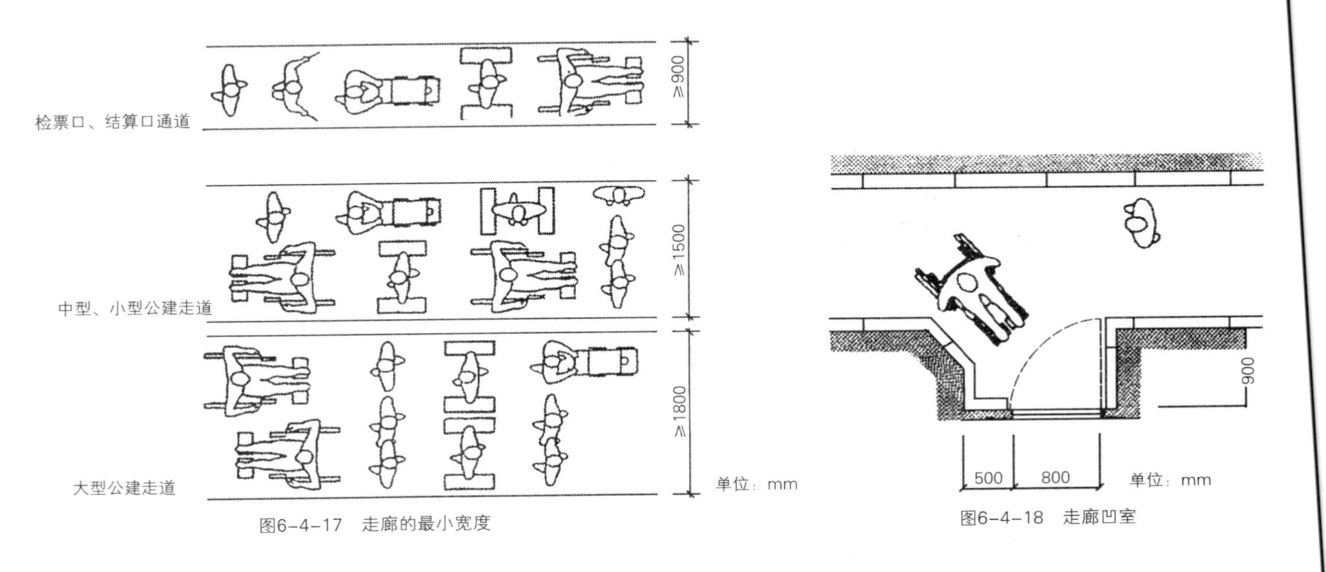

图6-4-17　走廊的最小宽度

图6-4-18　走廊凹室

（3）门

入口门厅、过厅设两道门时，门扇同时开启后的最小间距，大、中型公共建筑和高层、中高层居住建筑应大于等于1500mm（图6-4-19），小型公共建筑、多层、低层居住建筑应大于等于1200mm（图6-4-20）。

应采用自动门，也可采用推拉门、折叠门或平开门，但不应采用力度大的弹簧门。旋转门一侧应另设残疾人使用的门。

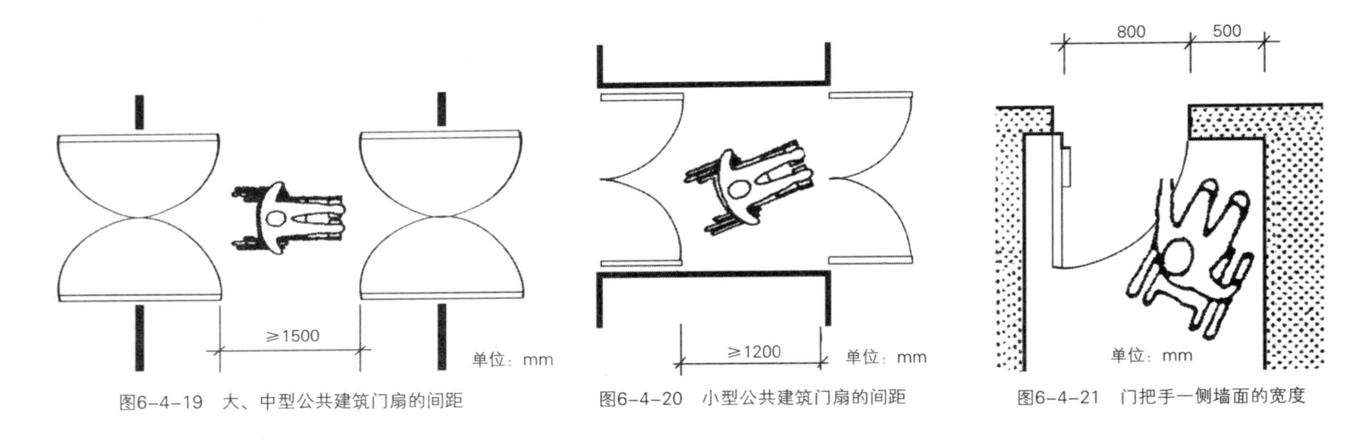

图6-4-19　大、中型公共建筑门扇的间距

图6-4-20　小型公共建筑门扇的间距

图6-4-21　门把手一侧墙面的宽度

坐轮椅者开启的推拉门和平开门，在门把手一侧的墙应留有净宽不小于500mm的墙面（图6-4-21）。供轮椅通行的门的净宽见表6-4-5。

表6-4-5　轮椅通行门的净宽　　（单位：mm）

序号	门的类型	净宽
1	自动门	≥1000
2	推拉门、折叠门	≥800
3	平开门	≥800
4	弹簧门（小力度）	≥800

4.2.4 无障碍公共厕所与公共浴室

便残公共厕所可有2种情况：① 普通厕所内的便残厕位，② 独立的残疾人专用厕所。普通厕所内便残厕位的设计要求见表6-4-6。

表6-4-6　普通厕所内便残厕位的设计要求　　　　（单位：mm）

设施	设计要求
隔间	面积应≥2000mm×1000mm（图6-4-22）或1800mm×1400mm（图6-4-23） 门扇应向外开启，门洞净宽应≥800mm
小便器	两侧应设垂直抓杆（图6-4-24、图6-4-25） 小便器下口距地面不应大于500mm
坐便器	座面高应为450mm 两侧距地700mm处应设水平抓杆 一侧应设高约1400mm的垂直抓杆（图6-4-26）
洗手盆	两侧和前缘50mm处应设水平抓杆

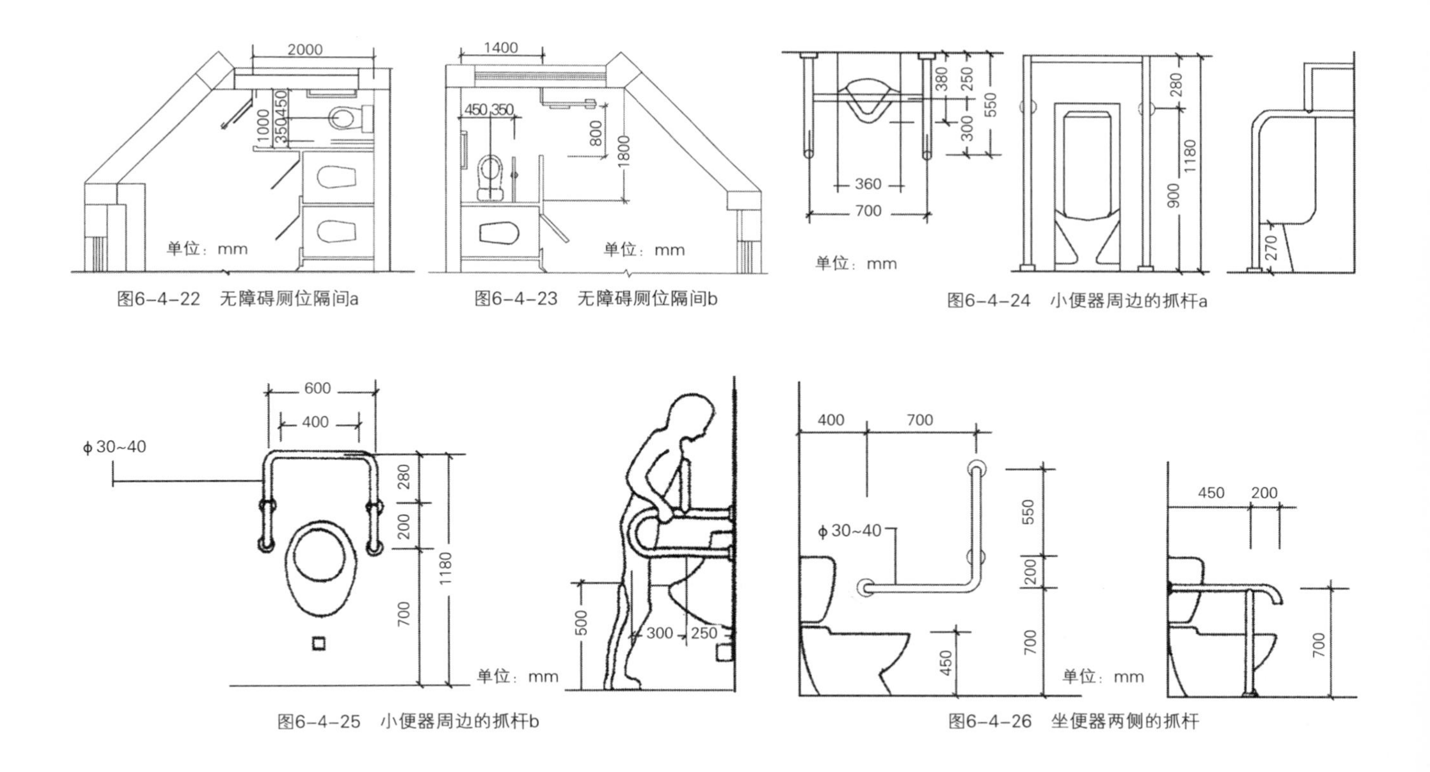

图6-4-22　无障碍厕位隔间a

图6-4-23　无障碍厕位隔间b

图6-4-24　小便器周边的抓杆a

图6-4-25　小便器周边的抓杆b

图6-4-26　坐便器两侧的抓杆

图6-4-27所示的是独立的残疾人专用厕所。

便残公共浴室有淋浴间和盆浴间两种，其设计要求见表6-4-7。

图6-4-27 独立的残疾人专用厕所

表6-4-7 公共浴室的无障碍设计要求

部位	设计要求
无障碍淋浴间	面积应≥3.5m²（门扇向外开启） 短边净宽应≥1500mm 应设高450mm的洗浴凳 距地700mm应设水平抓杆，一侧应设垂直抓杆
无障碍盆浴间	面积应≥4.5m²（门扇向外开启） 短边净宽应≥2000mm 浴缸一端应有深度≥400mm的洗浴坐台 浴缸内侧墙面应设水平抓杆

4.2.5 无障碍居住空间

（1）户门与通道

方便下肢残疾者的居室，户门外应有不小于1500mm×1500mm的轮椅活动面积，且户门把手一侧墙面应有500mm左右宽度，以方便坐轮椅者靠近开门。

门户开启后，通行空间应至少有800mm的净宽。

（2）厨房

厨房也要考虑到轮椅进出和回转的方便，所以，厨房的净空间尺寸应稍大于普通的家庭厨房。轮椅进入厨房后再回转出来所需的最小直径是1500mm，厨房单排设备的宽度一般不会小于500mm，所以，考虑单面布置设备的厨房，其净宽应至少有2000mm，考虑两面布置的，其净宽应至少有2500mm。厨房内若能安排两人用餐的位置，可以避免残疾人搬运食物和餐具的困难。

厨房以开敞式的较为理想，因为可以减少动作。如果需要安装门扇，则宜推拉门为宜，推拉门还可节省空间。

灶台的高度应较常规适当降低，以720～750mm为宜。这个高度，坐轮椅者和拄杖者都能使用。灶台上方的吊橱，其底面距操作台高度以300mm为宜，即吊橱底面的距地高度在1050mm左右，吊橱本身的深度可做到250～300mm，这是坐轮椅者隔着灶台从吊橱取物较适宜的尺度。

灶台下方应留有至少700（宽）mm×250（深）mm的空间，这是考虑到坐轮椅者上半身靠近案前操作时，能以舒适的姿势安排其下身和轮椅。相应的，厨房里下带烤箱和炉门的灶具对于坐轮椅者，既不方便，且有危险。

厨房内的落地橱柜不宜采用平开门，因为许多残疾人难以弯腰取物。所以，橱柜采用推拉门，或代之以抽屉较为适用。

一般家用燃气热水器的安装高度都在1200mm以上。这个高度对于坐轮椅者而言，开关燃气阀门和观察热水器点燃情况均有困难，所以，燃气热水器的安装高度应降低到1000mm较为合适。

此外，洗涤池上的龙头应采用单柄水控式冷热水混合龙头，而不应选用冷、热水各自独立的两个旋转阀门。

（3）卫生间

与其他空间相比，住宅卫生间应更便于轮椅出入。为方便家人或护理人员随时知晓老年人或残疾人在卫生间的情况，并在必要时进入卫生间协助或施救，卫生间的门应向外开启，或采用推拉门，以免出事故或轮椅卡住门扇，造成开启困难。此外，卫生间的门扇应安装内外均可开启的门栓或门锁，以便在情况紧急时从外面开启。

卫生间和设备要求的尺度可参考前述公共厕所与公共浴室的参数。

（4）开关与插座

户内的照明系统应采用双控线路与开关，以减少残疾人为开灯关灯而往返走动。

考虑到视力残疾者的特点，开关应采用搬把式的而不应采用拉线式。因为拉线开关在开关灯时，都是一个方向、一样的长度，它不能经触觉传达照明启闭的信息。

开关的安装高度应为900～1000mm。起居室、卧室插座的高度应为400mm，厨房、卫生间插座的高度应为700～800mm。

4.2.6 扶手无障碍因素

坡道、台阶、楼梯两侧应设高850～900mm的扶手。设上、下两层扶手时，下层扶手的高度应为650mm。

扶手在坡道、台阶、楼梯的起点和终点处应以水平段延伸300mm（图6-4-28）。这一小段延伸的扶手很重要，因为在第一踏步和最后踏步，人此前连续重复的动作会打断，如果没有足够注意就容易跌倒，扶手的这一水平延伸段能起到提示和保护的作用。

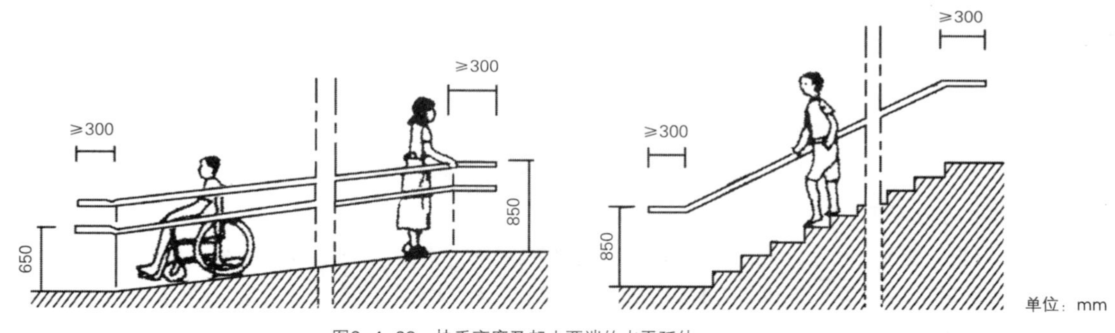

图6-4-28　扶手高度及起止两端的水平延伸

圆管扶手截面的直径宜为35～45mm。其他截面形式扶手的尺寸应以此为参照物。

残疾人使用扶手不是轻轻扶一下，而是要紧握扶手并借力向前行走，有时上身还需压在扶手上。扶手截面过大就不便于手掌把握，不能借力，其安全度就低。

扶手内侧与墙面的距离应为40～50mm。扶手周边的空间若过小，就不便使用者的手在瞬间把握，会影响扶手的使用效果（图6-4-29）。

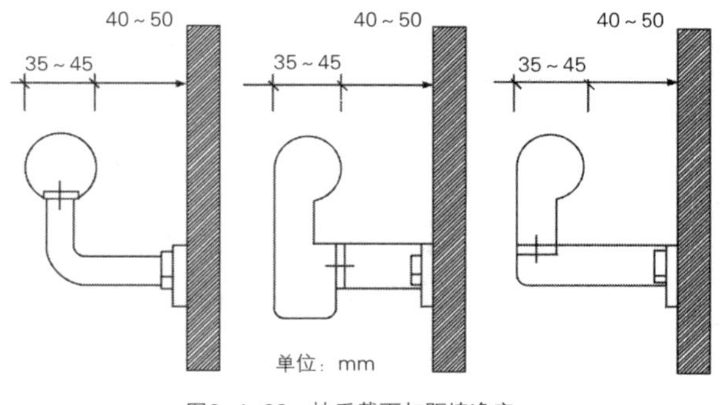

图6-4-29　扶手截面与距墙净空

4.3 视力残疾者的便利环境

视觉残疾者是依赖自身的触感、听觉、光感采集环境信息的，因此，在其行进线路上应设置导盲地砖、盲文标志牌或触摸导引图以及音响装置。

4.3.1 导盲地砖

导盲地砖按其功能有两种：导向砖（亦称“行进提示块”）和位置砖（亦称“停步提示块”），平面都是正方形，尺寸一般为150～400mm见方（图6-4-30、图6-4-31）。

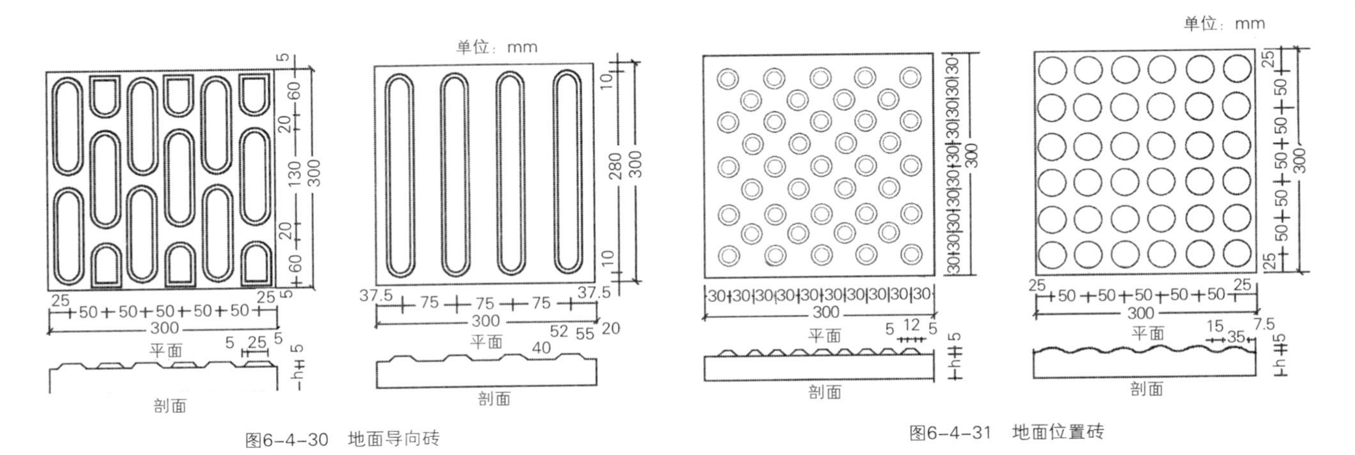

图6-4-30　地面导向砖

图6-4-31　地面位置砖

4.3.2 盲道

盲道按其功能也有两种。一种是引导视残者连续向前行的盲道，称为行进盲道。行进盲道由导向砖连续铺成。另一种是告知视残者起跑、拐弯或停止的盲道，称为提示盲道。提示盲道由位置砖连续铺成。

盲道有三项基本功能。一是形成无障碍空间以保障视残者行走的安全。二是减少普通行人对视残者行动的干扰。三是引导盲人适当远离沿街商店门口频繁出入的人群。

城市环境有车站、商店、公园入口、人行天桥、地道等空间节点。在这些节点上视残者采集信息最方便的途径就是盲道。视残者以触觉从盲道砖上获取信息，辅以听力和记忆力来判断位置和方向，所以在人行道上铺设盲道，对于方便视残者的行动有重要意义。

人行道的缘石、绿化带或围墙等设施邻近空间，是铺设盲道的理想位置。行进盲道宜设在距围墙、花台、树池或绿化带250～500mm处（图6-4-32），距人行道缘石应不小于500mm。行进盲道的宽度宜为300～600mm，可根据道路条件选择低限或者高限。盲道应连续，中途不得有电线杆、树木等障碍物。

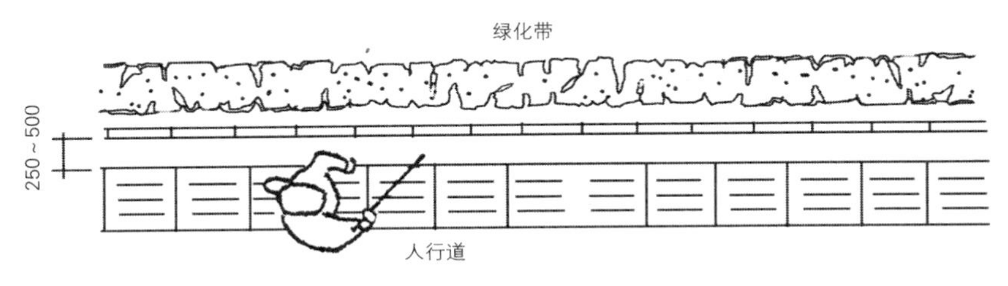

图6-4-32　行进盲道的位置

下列情况应铺设提示盲道。

① 行进盲道的起点和终点处，告知视残者安全行进开始或已达终点（图6–4–33）。

② 行进盲道的交叉处和急拐弯处，告知视残者盲道要改变方向（图6–4–34）。

③ 人行横道、公园、广场、建筑物等的出入口。

④ 人行道、天桥、地道、坡道、梯道等地面有高差的地方。

⑤ 有固定障碍物的地方，如在人行天桥的周边，提醒视残者小心、慢速行进。

⑥ 有无障碍设施的地方，告知视残者到达的地点和位置，方便其继续行进或就地等候或进入使用。

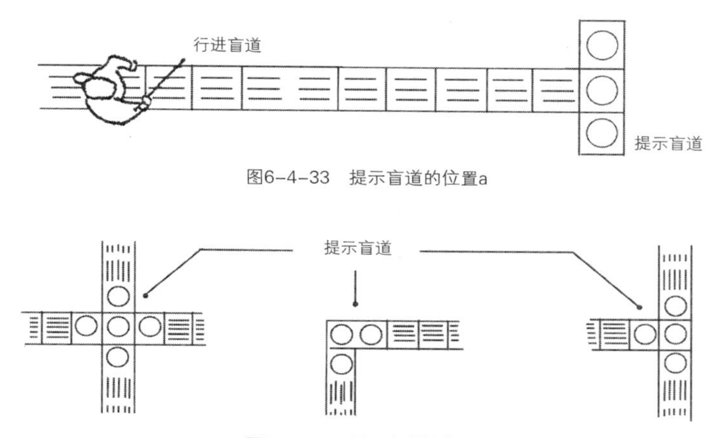

图6–4–33　提示盲道的位置a

图6–4–34　提示盲道的位置b

提示盲道的具体位置应在距高差起点（如台阶或楼梯第一步外）的250～500mm处。提示盲道的宽度宜为300～600mm。为方便判断位置和空间尺度，提示盲道的宽度还应与各类出口或坡道、梯道的宽度相对应。为防一步跨过，在行进盲道的起点和终点，提示盲道的深度应大于行进盲道的宽度。

此外，盲道的颜色宜为中黄色。黄色是明度最高的颜色，对弱视者和有光感的视残者在视觉上比其他颜色更为明显、更容易发现，也容易引起常人的注意。

4.3.3 盲文标志

公共建筑中扶手的起点和终点应安装盲文标志，可使视残者了解自己所在位置及走向，以便继续进行（图6–4–35）。

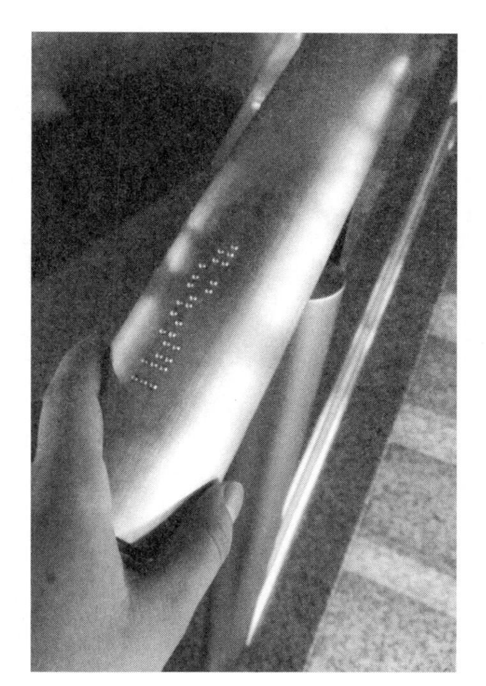

图6–4–35　盲文标志

4.3.4 音响装置

有红绿灯的路口，宜设音响装置，其声音的变化应与红绿灯的切换同步，以引导视残者过街。电梯抵达时，轿厢内外都应有明确、清晰的报层音响。

4.3.5 障碍防护

凡有易导致意外碰撞的固定障碍物之处，均应加装防护措施以免视残者在行走中意外撞击受伤。例如，人行天桥下的三角空间，在2000mm高度以下应安装防护栅栏。

思考与练习

1. 什么是无障碍设计?
2. 无障碍环境的发展历程是怎样的?
3. 无障碍设计的基本思想有哪些?